从一到无穷大

科学中的事实与猜想

[美]乔治·伽莫夫 / 著　　华生 / 译

ONE

TWO

THREE

......

INFINITY

台海出版社

图书在版编目（CIP）数据

从一到无穷大：科学中的事实与猜想/（美）乔治
·伽莫夫著；华生译 . -- 北京：台海出版社，2020.5（2023.10 重印）
ISBN 978-7-5168-2580-8

Ⅰ . ①从… Ⅱ . ①乔… ②华… Ⅲ . ①自然科学—普
及读物 Ⅳ . ① N49

中国版本图书馆 CIP 数据核字（2020）第 054702 号

从一到无穷大：科学中的事实与猜想

著　　者：[美]乔治·伽莫夫	译　　者：华　生

出 版 人：蔡　旭　　　　　　　　　　封面设计：主语设计
责任编辑：赵旭雯

出版发行：台海出版社
地　　址：北京市东城区景山东街 20 号　　　邮政编码：100009
电　　话：010 — 64041652（发行，邮购）
传　　真：010 — 84045799（总编室）
网　　址：www.taimeng.org.cn/thcbs/default.htm
电子邮箱：thcbs@126.com

经　　销：全国各地新华书店
印　　刷：玖龙（天津）印刷有限公司
本书如有破损、缺页、装订错误，请与本社联系调换

开　　本：710 毫米 ×1000 毫米　　　　　1/16
字　　数：272 千字　　　　　　　　印　　张：18.5
版　　次：2020 年 5 月第 1 版　　　　印　　次：2023 年 10 月第 2 次印刷
书　　号：ISBN 978-7-5168-2580-8

定　　价：49.80 元

目录

目录

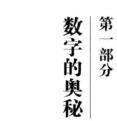

第一部分

数字的奥秘

第一章 大数

一. 你能数多大?

曾有这样一个故事，两个匈牙利贵族决定做一个数数游戏，议定谁说的数字最大谁就获胜。

"好，"一个贵族慷慨道，"你先来。"

另外一个贵族绞尽脑汁想了好几分钟，"3。"他最终这样说道，这是他所能想到的最大的数字了。

这下好了，第一个贵族愁眉不展，苦思冥想了 15 分钟后，选择了弃权，承认对方赢得了比赛。

现在看来，两个贵族的智力属实不高，不过也可能这只是一个挖苦人的笑话而已。但是，如果这个故事是发生在原始部落中，这件事情十有八九会真正发生。现在，很多非洲探险家已经证实，在某些原始部族里，不存在比 3 更大的数词。如果你找人问他有几个孩子，或者杀死过多少敌人，假如这个数字大于 3，他多半会告诉你："许多个。"因此，单从计数这项能力来看，这些部落勇士可是要败在我们幼儿园孩子的手上了，我们幼儿园的孩子可是有着从一数到十的本事呢！

现在，我们都理所当然地认为，以我们的能力，想写多大的数字都不是问题，比如我们可以用"分"做单位表示战争经费的大小，可以用"英寸"来表示天体之间的距离，等等，诸如此类的大数字，只要我们在某个数字后面加"0"就成了。我们可以一直这样加下去，直到手酸了为止。按照这种方法，尽管目前已知的宇宙①中所有原子的数目已经非常巨大，约等于300 000 000 000 000 000 000 000 000 000 000 000 000 000 000 000 000 000 000 000 000 000 000 000 000 000 000，但是，我们还可以写出比这更大的数目来。

上面的数字我们还有更简捷的写法，即

$$3 \times 10^{74},$$

在这里，10 右上角的小号数字 74，表示的是所加"0"的个数。换句话说，这个数字意味着 3 要乘上 74 个 10。

不过在古代，人们并不知道这种简单的表达数的方法。这种表达方式的出现，要归功于距今约两千年的某位佚名的印度数学家。这足以称得上是一项伟大的发明了，尽管我们有时并未意识到这一点。在此之前，人们通常是通过反复地书写特定的符号一定的次数，来对应地表达每个数位上的数字。例如，古埃及人对数字 8732 的书写是这样的：

𓏲𓏲𓏲𓏲𓏲𓏲𓏲𓏲 𓍢𓍢𓍢𓍢𓍢𓍢𓍢 𓎆𓎆𓎆

而在恺撒大帝统辖的机关里，他的办事人员会把这个数字写成这样：

MMMMMMMMDCCXXXII

后一种表达方式你一定比较熟悉，因为罗马数字直到现在有时还能派上用场，比如表示书籍的卷数或者章节数、表格的栏次等时候。不过，由于古罗马计数超过几千的时候并不多见，所以也就没有发明超过一千的数位表示符号。一个古罗马人，即使他在数学上造诣颇深，如果让他写一下"一百万"，他也一定会张皇失措。他所能想到的最好的办法，就是接连不断地写上一千个 M，这可要花费他几个小时的艰苦劳动啊。（图 1）

---

① 这是指目前用最大的望远镜所能探测到的那部分宇宙。

在古人的心中，那些很大的数字，如满天繁星的多少、海里游鱼的数目、沙漠沙子的颗数等，都是"不计其数"，就如同"5"在原始部落的"不计其数"，只能描述为"许多"一样。

图1　一个恺撒时代的古罗马人，想用古罗马数字来写"一百万"，恐怕这面墙连"十万"都写不下

阿基米德，公元前3世纪著名的大科学家，曾动用他出众的大脑，思索出了书写巨大数字的方法。他在论文《计沙法》中这样写道：

有人认为，无论是在叙拉古，还是在整个西西里岛，或者在世界上任何有人或人迹罕至的地方，沙子的数目是无穷大的。也有人认为，这个数目并不是无穷大的，然而想要表达出像地球沙粒数这么大的数字是做不到的。而且，持有这种观点的人甚至会更加肯定地说，即使把地球想象成一个大沙堆，并且用沙子填充所有的海洋和洞穴，直至与最高的山峰相平，就是这样堆起来的沙子总数也是无法表示出来的。但是，我要告诉大家，用我的方法，不但可以表示出占地球这么大地方的沙子的数目，甚至还可以表示占据整个宇宙空间的沙子的总数。

阿基米德在这篇著名的论文中所提出的方法，与现代数学中表达大数字的方法类似，他以当时古希腊算数中最大的计数单位"万"为开始，然后引入了一个新单位"万万（亿）"为第二阶单位，然后是"亿亿"（第三节单位）、"亿亿亿"（第四阶单位），以此类推。

如何写个大数字，在今天看来是微不足道的事情，完全没有必要来浪费篇幅讨论，但是在阿基米德那个时代，能够找到写出大数字的方法，着实是一项伟大的发明，这使得数学向前迈出了一大步。

为了计算出填满整个宇宙空间所需要的沙子总数，阿基米德首先得知道宇宙的大小。按照当时天文学的观点，宇宙是一个镶嵌着星星的水晶球。与阿基米德同时代的萨摩斯天文学家阿里斯塔克斯，计算出从地球到天球面的距离为 100 亿斯塔迪姆[1]，即约 10 亿英里。

阿基米德把宇宙天球和沙粒的大小相比，进行了一系列庞杂的运算，最后他得出结论说：

很明显，在阿里斯塔克斯所确定的宇宙天球内所能承装的沙子粒数，不会超过一千万个第八阶单位[2]。

这里要说明的是，阿基米德时代所认为的宇宙半径，要比现代科学家们所观察到的小得多。十亿英里，才不过刚刚超过从太阳到土星的距

---

[1] 斯塔迪姆是古希腊的长度单位，1 斯塔迪姆为 606 英尺 6 英寸，或 188 米。

[2] 用我们现在的数学表示法，这个数字是：

一千万	第二阶	第三阶	第四阶
（10 000 000） ×	（100 000 000） ×	（100 000 000） ×	（100 000 000） ×

第五阶	第六阶	第七阶	第八阶
（100 000 000） ×	（100 000 000） ×	（100 000 000） ×	（100 000 000）

也可以简写成

10^{63}（即在 1 的后面有 63 个零）。

离。之后我们在望远镜里看到，宇宙的边缘在 5×10^{21} 英里的地方，想要填满这个已被我们观测到的宇宙，所需要的沙子数超过 10^{100} 粒（即 1 的后面有 100 个零）。

很显然，这个数字比前面提到的宇宙空间的原子总数 3×10^{74} 大多了，这是因为宇宙空间并非满满当当地塞满了原子。实际上，宇宙平均每一立方米的空间，才不过有一个原子。

想要遇到大数目，并不一定要在把整个宇宙填满沙子，或者进行诸如此类的剧烈活动中。事实上，在很多乍似平常的问题中，也可能会遇到极大的数字，甚至你原先都不会认为，其中会出现大于几千的数字。

曾经就有一个人在大数目上吃了亏，那就是印度的舍罕王。传说中，舍罕王打算重赏国际象棋的发明人和进贡者，宰相西萨·班·达依尔。这位聪明的大臣胃口乍一看并不大，他跪在国王面前说："陛下，请您在这张棋盘的第一个小格内，赏给我一粒麦子；在第二小格内，赏给我两粒麦子；在第三小格内赏给我四粒麦子，照这种方法，每一小格都比前一小格加一倍。陛下啊，就把按照这种方法摆满棋盘上 64 格的麦粒，都赏给您的仆人吧。"

"爱卿啊，你要求得并不多啊。"国王说道。奖赏这样一件奇思妙想的发明，但大臣的要求却不多，自己不必破费，国王心中很是欢喜，"你一定会如愿以偿的。"说着，他命人把一袋麦子带到了王座前。

给麦粒记数的工作开始了。第一格放一粒，第二格放两粒，第三格放四粒，……还没到第二十格，装麦子的袋子就空了。于是，又有一袋袋的麦子被扛到了国王面前，但是，所需要的麦粒数随着格数的增长更加疯狂地增长了起来，很快就可以看得出，即使拿来全印度的粮食，国王也无法兑现他对西萨·班·达依尔许下的奖赏了，因为这需要 18 446 744 073 709

551 615 颗麦粒^①啊！（图2）

图2　机敏的数学家西萨·班·达依尔宰相正在向印度的舍罕王求赏

这个数字虽然不像宇宙间的原子总数那么大，但是也已经非常可观了。1 蒲式耳小麦大约有 500 万粒，这样算来，那就需要给西萨·班·达依尔约 4 万亿蒲式耳的小麦才行。这位宰相所要求的麦粒数，大到是全世界在两千年内所生产的所有小麦的总和！

如此一来，舍罕王发现自己欠了宰相一笔巨债。这可如何是好？要么是忍受他的无休止的讨债，要么就干脆砍掉他的脑袋。我想，国王大概会选择后一种办法吧。

印度还发生了另外一个以大数字为主角的故事，这个故事和"世界末日"的问题有些关系。偏爱数学的历史学家鲍尔讲了这样一段故事：

---

① 这位聪明的宰相所求赏的麦子粒数可写为 $1+2+2^2+2^3+2^4+\cdots\cdots 2^{62}+2^{63}$。
数学中，把这种每一个数都是前一个数的固定倍数的数列称为几何级数（此例中倍数为 2）。可以证明，这种数列的项数之和，等于固定倍数（本例中为 2）的项数次方幂（本例中为 64）减去第一项（本例中为 1）所得的差除以固定倍数与 1 之差。也就是：$\dfrac{2^{64}-1}{2-1}=2^{64}-1$。
所以得出的结果是：18 446 744 073 709 551 615。

在世界中心贝拿勒斯的圣庙里，安放着一个黄铜板，板上插着三根镶嵌着宝石的针。每根针高约 1 腕尺（1 腕尺约合 20 英寸），如同韭菜叶那样粗细。梵天在创造世界的时候，在其中一根针上由下到上放了从大到小的 64 片金片圆环。这就是所谓的梵塔。无论昼夜，都有一个值班的僧侣按照梵天的旨意，把这些金片圆环在三根针上来回移动：一次只能移动一片，并且要求不管在哪一根针上，小片永远在大片的上面。当所有的 64 片金片圆环都从梵天创造世界时所放的那根针上移动到另外一根针上时，世界就会轰然崩塌，梵塔、庙宇和众神都会魂飞烟灭。

图 3 就是按照故事情节所做的图画，不过金片圆环画少了一些。你不妨用纸片代替金片，用长钉子代替宝针，自己做一个玩具。不难发现，按照上述规则移动金片圆环的规律是：不管把哪一片金片圆环移动到另外一根针上，所需的移动次数总是比移动上面一片时增加一倍。第一片只需要一次，下一片就会按照几何级数加倍。这样算下去，当把第 64 片也移开后，总共需要的次数便和西萨·班·达依尔所要赏赐的麦粒数一样多了[1]。

---

[1] 如果只有 7 片金片，那么需要移动的次数就是：

$$1+2^1+2^2+2^3+\cdots\cdots=2^7-1=2\times2\times2\times2\times2\times2\times2-1=127$$

当金片为 64 片时，需要移动的次数就是：

$$2^{64}-1=18\ 446\ 744\ 073\ 709\ 551\ 615。$$

这就和西萨·班·达依尔求赏的麦粒数相同了。

图 3　一个试图在佛祖雕像前解决"世界末日"的问题僧侣。
这只是示意图，所以并没有画出 64 片金片来

那么，把这座梵塔全部的 64 片金片圆环都移动到另外一根针上，到底需要多长时间呢？一年有 31 558 000 秒。我们假设僧侣每秒可以移动一次，日夜不停，节假日不休，也需要将近 5800 亿年才能完成！

我们把这个传说故事和现代科学推算的结果做个比较倒是非常有趣。按照现在的宇宙进化论，恒星、太阳、行星（包括地球）大约是在 30 亿年前由不定型物质形成的。而且据推算，给太阳这颗恒星提供能量的"原子燃料"还可以维持 100 ～ 150 亿年（见《创世的时代》一章）。据此，我们太阳系的寿命无疑是短于 200 亿年的，而不像这个印度故事中描述的那样长，那仅仅是个寓言故事罢了。

在文学作品中所提及的最大数字，比较有名的就是"印刷行数问题"了。

假设我们有一台可以连续不断地印刷出文字的印刷机器，并且它印刷每一行都会执行自动换字母或者印刷符号的操作，从而组成与其他行不同的字母组合。这架印刷机的组成含有一组圆盘，盘与盘之间就像汽车里程表那样装配，表盘边缘注刻有全部的字母和符号。如此，每一片轮盘转动一周，就会自动带动下一个轮盘转动一个符号。纸张会通过滚筒自动送入盘下。其实这种机器制造起来并不会太过困难。图 4 是这种机器的示意图。

　　好了，让我们开动这架印刷机，之后再检查下那些不断被印刷出的文字吧。我们发现，在印出的一行行字母组合中，大部分并没有实际意义，如：

aaaaaaaaaaaaaaaa……

又或者：

booboobooboobooboo……

再或者：

zawkpopkossscilm……

　　不过，既然这台机器可以印刷出所有可能的字母及符号的组合，我们就一定可以从中找出些有意思的句子。当然，其中不乏许多胡言乱语，如：

Horse has six legs and ……（马有六条腿，并且……）

或者

I like apples cooked in turpentine ……（我喜欢吃松节油煎苹果）

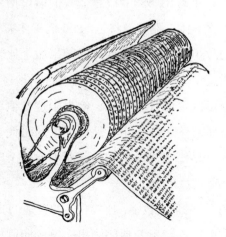

图 4　一台刚刚印刷出一行莎士比亚诗句的自动印刷机

不过，只要一直找下去，一定可以找到莎士比亚的每一行著作，甚至包括那些被他扔进废纸篓的句子！

事实上，这台机器可以印刷出人类自能够书写以来所有的句子：每一句散文，每一行诗歌，每一篇社论，每一则广告，每一卷厚厚的学术论文，每一封书信，每一份订奶单据……

不但如此，它还可以印刷出今后任何世纪所要印出的东西。在滚筒下的纸卷中，我们可以读到 30 世纪的诗篇，未来的科学发现，2344 年星际交通事故的统计，还有一篇篇尚未被作家们创作出来的长、短篇小说。出版商们只要弄到这样一台机器，把它安装在地下室里，然后从印刷出的纸卷中寻找好句子出版就行了——他们现在的工作和这也差不了多少啊！

人们为什么不这样做呢？

来，让我们算算看吧，为了得到字母和印刷符号的所有组合，该印刷出多少行来才可以。

英语中有 26 个字母、10 个数码（0，1，2，…，9），还有 14 个常用符号（空格、句号、逗号、冒号、分号、问号、惊叹号、破折号、连字符、引号、省略号、小括号、中括号、大括号），共 50 个字符。再假设这台机器有 65 个轮盘，用以对应每一印刷行的平均数字。印刷的每一行中，排头的那个字符可以是 50 个字符中的任何一个，因此排头字符有 50 种可能性，对应这 50 种可能性的任何一种，第二个字符也都有 50 种可能性，因此共有 $50 \times 50 = 2500$ 种可能性。而对于前两个字符的每一种可能性，第三个字符仍有 50 种可能性。如此下去，整行书写完毕所有的符号组成可能性等于

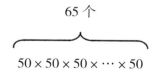

$$65 个$$
$$\overbrace{50 \times 50 \times 50 \times \cdots \times 50}$$

或者 50^{65}，即等于 10^{110}。

如果想要对这个数字有更直观的印象。再假定这些机器从地球诞生以来就开始了印刷工作，即它们已经工作了 30 亿年或者 10^{17} 秒。你还可以假定这些机器都是以原子振动的频率进行工作的，也就是说，一秒钟可以印出 10^{15} 行。这样算来，这些机器印刷出的总行数大约是

$$3 \times 10^{74} \times 10^{17} \times 10^{15} = 3 \times 10^{106},$$

这也只不过才是上述可能性的三千分之一左右而已。

看来，想要在这些随机印刷出的东西里挑出点儿什么，那得要花费很长很长的时间了啊。

二、如何计算无穷大的数字

上一节我们讨论了一些数字，其中有不少是的的确确的大数。但是那些大数，例如宰相西萨·班·达依尔所要赏赐的麦子颗粒数，虽然大得让人难以置信，但毕竟还是有限的，换言之，只要有足够多的时间，我们一定可以把它从头到尾写出来。

然而，还确实存在一些无穷大的数，无论我们写出的数字有多长，它们比这些数还要大。例如，"所有整数的个数"和"一条线上所有几何点的个数"显然是无穷大的。对于这类数字，除了认为它们是无穷大的之外，我们还能说什么呢？难道我们可以比较下上面两个"无穷大"的数，看看哪个"更大些"吗？

"所有整数的个数和一条线上所有几何点的个数，究竟哪个更大些？"——这个问题有意义吗？乍一瞧，能提出这个问题的人显然是头脑发昏，不过，著名的数学家康托尔却率先对这个问题进行了思考。随后，他成了"无穷大数算数"的奠基人。

在我们比较几个无穷大的数的大小时，首先会面临这样一个问题：这些数既不能被读出来，也无法被写出来，那该如何做比较呢？这回，我们自己可是有点儿像一个想要弄清自己的财产中，究竟是玻璃珠子多，还是

铜币多的原始部落人了。你大概还记得，那些部落勇士只能数到 3。那他们是否会因为数不清"大数"而放弃比较自己拥有的珠子数和铜币数？显然不会这样。如果他们足够聪明，就一定会通过把珠子和铜币逐个消去的办法来得出答案。它可以把一颗珠子和一枚铜币放在一起，另一颗珠子和另一枚铜币放在一起，然后一直这样做下去。倘若珠子先用光了，而铜币还有剩余，就可以知道，铜币是多于珠子的；倘若先用光的是铜币，而珠子还有剩余，那么也可以知道，珠子是多于铜币的；倘若两者刚好同时用光，那么就说明珠子和铜币的数目是相当的。

　　唐托尔所提出的比较两个无穷大数的方法与此正好相同：我们可以给两组无穷大的数列中的各个数一一配对。倘若这两组数匹配得一个不剩，那么这两组无穷大的数就是相等的；如果其中任一组有剩余数，则这一组就相对较大，或者说相对强些。

　　这看起来的确是合理的，而且实际上也是唯一可行的比较两个无穷大的数的方法。不过，在你用这个方法进行操作的时候，你还会得到另外一个惊人的结论。例如，所有偶数和所有奇数这两个无穷大的数列，你直觉上会感觉它们的数目是相等的。通过上述方法，也会感觉这很合理，因为这两组数间可以建立这样一种一一对应的关系：

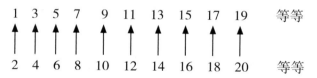

　　在这个对应表中，每一个偶数都有一个奇数与其对应。看，这的确是再直观、再明显不过了。

　　但是，稍等。你再做这样一个思考：所有整数（包括所有奇数和偶数）的数目和单单偶数的数目，哪个更大些呢？显然，你会认为前者大一些，因为所有的整数不但包括了所有的偶数，还要加上所有的奇数啊。但这只是你直觉上的观点而已。只有通过应用上述比较两个无穷大数的法则，才能得出正确的结论。如果你应用了那个法则，你就会惊奇地发现，你的观点是错误的。看，下面就是所有整数和所有偶数的一一对应表：

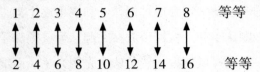

按照上述比较无穷大数的法则，我们不得不承认，偶数的数目和整数的数目刚好一样大。当然，看起来这个结论是非常荒谬的，因为偶数只是整数的一部分。但是不要忘了，我们研究的是无穷大的数，因而就要做好遇到异常情况的心理准备。

在无穷大的世界里，部分可能等于整体！对于这一点，著名的德国数学家希尔伯特有个故事可以说明得再好不过了。据说他在一次讨论无穷大的演讲中，曾用下面的话来描述无穷大的模棱两可的性质[1]：

我们设想有一家旅店，里面设有有限个数的房间，并且所有房间都已被入住。这时又来了位新客人，想要住店。旅店老板说："对不起，所有的房间都住满了。"现在再设想有另外一家旅店，里面设有无限个房间，并且所有的房间也都客满了。这时也有一位新客人到来，想要订个房间。

"没问题。"旅店老板说。接着，他就把一号房间里的旅客转移到二号房间，二号房间里的旅客转移到三号房间，三号房间里的旅客转移到四号房间，以此类推，这样一来，新到的客人就住进了被腾出的一号房间。

我们再设想有家拥有无限多个房间的旅店，各个房间也都住满了人，这时，又来了无穷多位要订房间的客人。

"好的，大家请稍候。"旅店老板说。

他把一号房间的旅客转移到了二号房间，把二号房间的旅客转移到了

---

① 这段文字从未印行过，甚至希尔伯特本人也没留下文字记载，但是仍被广为流传。本书引自 R. Courant, The Complete Collection of Helbert Stories。

四号房间，把三号房间的旅客转移到了六号房间，如此转移下去。

现在好了，所有的奇数号房间都被腾了出来，新来的无穷多位旅客都可以入住了。

由于希尔伯特在讲述这个故事的时候正值世界大战期间，所以，即使是在华盛顿，这个故事也不易被人们接受。但这个故事确实很生动，它让我们明白：无穷大数的性质与我们在普通算数中所遇到的一般数字是存在区别的。

依据比较两个无穷大数的康托尔法则，我们还可以证明，所有的普通分数（如 $\frac{3}{7}$，$\frac{375}{8}$ 等）的数目和所有整数数相等。把所有的分数按照下述规则排列起来：先写出分子与分母之和为 2 的分数，这样的分数只有一个，即 $\frac{1}{1}$；然后再写出两者之和为 3 的分数，即 $\frac{2}{1}$ 和 $\frac{1}{2}$；接着是两者之和为 4 的分数，即 $\frac{3}{1}$，$\frac{2}{2}$，$\frac{1}{3}$。如此进行下去，我们可以得到一个无穷的分数数列，它包含了所有的分数（图 5）。现在，在这个数列旁写出整数数列，就实现了无穷分数和无穷整数的一一对应表。你看，它们的数目又是相等的。

图 5　原始人与康托尔教授都在比较他们数不出的数目的大小

你可能会说："是啊，这真是妙不可言，那么，这是不是就意味着，所有的无穷大数都是相等的呢？如果是这样，那还有什么比较的意义呢？"

不，并不是这样的。人们可以很轻松地找出比所有整数或者所有分数所构成的无穷大数还要大的无穷大数来。

如果我们研究一下前面出现过的那个比较一条线段上点数和整数的个数多少的问题，就会发现，它们的数目是不一样大的。线段上的点数数要比整数数多很多。为了证明这一点，我们先来构建一段线段（比如一寸长）和整数数列的一一对应关系。

这条线段上的每一点，都可以用这一点到这条线段的一端的距离来表示，而这个距离可以写成无穷小数的形式，如 0.735 062 478 005 6……
或 0.382 503 756 32……[①]

现在，我们就来比较一下所有整数的数目和所有可能存在的无穷小数的数目。其实，上面写出的无穷小数与 $\frac{3}{7}$，$\frac{8}{277}$，这些分数又有什么区别呢？

大家一定还记得在数学课上所学过的一条规则：每一个普通分数都可以转化成无穷循环小数。如 $\frac{2}{3}$ = 0.6666……=0.66，$\frac{3}{7}$ =0.428571……428571……428571……4……=0.428571。而我们之前已经证明过，所有分数的数目和所有整数的数目是相等的。然而，在一条线段上的点并不完全可以由循环小数表示，绝大多数的点是由不循环小数表示的。因此就很容易证明，在这种情况下，两两相对的关系并不能建立。

假如有人声称他已经建立了这种对应的关系，并且，对应关系具有如下表形式：

N

---

① 我们前面已经假定线段长度为1寸，所以这些小数都比1要小。

1　　0.38602563078……

2　　0.57350762050……

3　　0.99356753207……

4　　0.25763200456……

5　　0.00005320562……

6　　0.99035638567……

7　　0.55522730567……

8　　0.05277365642……

·　　……………………………

·　　……………………………

·　　……………………………

当然，由于无法将无穷多个整数和无穷多个小数一个不漏地列出，所以，上述声称只能算作此人发现了一种普遍存在的规律（类似我们用来排列分布的规律），通过遵循这个规律，他制定了上面的表，料定任何一个小数不论早晚总会出现在这张表中。

不过，我们可以很容易证明，任何类似这样的声称都是站不住脚的，因为我们一定还能写出并不包括在这张表中的无穷多个小数。该怎么写呢？非常简单。让这个小数的第一个小数位（十分位）与表中第一号小数的第一个小数位不同，第二个小数位（百分位）与表中第二号小数的第二个小数位不同，以此类推。最后这个小数可能会是这样的（也可能是别的样子）：

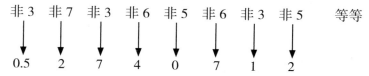

这个数无论如何在声称的表页上是找不到的。如果这个作者和你说，你写出的这个数在他的表中第 137 号（或者其他任何一号），你就可以立

即反驳他："不，我这个数不是你那个，因为我这个数的第 137 小数位和你那个数的第 137 小数位不一样。"

如此一来，线段上的点和整数之间一一对应的关系就无法建立起来了。换言之，线段上点数所构成的无穷大数大于（或强于）所有整数或分数构成的无穷大数。

刚才论证的线段是"1 寸长"。不过按照"无穷大算术"的规则，我们很容易证明，不管线段有多长结论都是一样的。事实上，1 寸长的线段也好，1 尺长的线段也罢，1 里长的线段都没关系，上面的点数都是相同的。只要参考图 6 就明了了，AB 和 AC 为不同长度的两条线段，现在要比较它们上面存在的点数。过线段 AB 的每一个点做线段 BC 的平行线，都会与线段 AC 相交，这样就会形成一组点的集合。如 D 与 X，E 与 X，F 与 F 等。对于线段 AB 上的任意一点，线段 AC 上总会有一个点和它对应，反之亦是如此。这样，它们之间就建立了一一对应的关系。显然，按照我们前面的规则，这两个无穷大的数是相等的。

通过这种方法对无穷大数的分析，我们还能得到一个更加令人吃惊的结论：平面上所有的点数和线段上所有的点数相等。为了证明这一结论，我们来考虑一条 1 寸长的线段 AB 上的点数和边长为 1 寸的正方形 CDEF 上的点数有怎样的关系。（图 7）

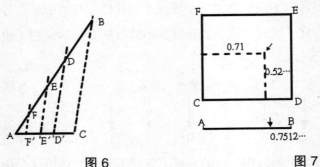

图 6　　　　　　　　　　　图 7

假定线段上某个点的位置是 0.75120386……我们可以把这个数以

奇分位和偶分位拆分开来，形成两个不同的小数：0.7 1 0 8……和0.5 2 3 6……

以这两个数分别为正方形的水平方向和垂直方向的距离度量，这样就会得到一个点，这个点我们称之为原来线段上那个点的"对偶点"。反过来说，对于正方形内任意的一点，比如由0.4835……和0.9907……这两个数描述的点，我们把这两个数组合起来，就可以得到线段上相对这个"对偶点"的点0.49893057……

显然，这种方法可以建立起那两组点的一一相对的关系。线段上每一个点在平面上都会有一个点与其对应，平面上的每一个点在线段上也会有一个点与其对应，而且不存在剩余的没有对应点的点。因此，按照康托尔的标准，正方形内所有点数构成的无穷大数与线段上所有点数构成的无穷大数是相等的。

同样，我们也可以很轻松地证明，立方体内所有点数和正方形或者线段上的所有点数相等，只需把代表线段上一个点的无穷小数分为三个部分[①]，然后用这三个新无穷小数在立方体内找"对偶点"就可以了。和两条不同长度线段的情况一样，正方形和正方体内点数的多少与它们本身的大小没有关系。

尽管几何点的个数比庞大的整数和分数的数目还要大，数学家们仍然能找到更加大的数。比如，人们已经发现，各种曲线包括任何一种外观奇特的样式在内，它们古怪样式的数目数比所有几何点的数目数还要大。因此，应该把它们看作是第三级无穷数列。

---

① 比如数字

0.735106822548312……

可以分成下面的三个新的小数：

0.71853……

0.30241……

0.56282……

依据"无穷大数算术"的奠基人康托尔的观点，无穷大数可以用希伯来字母 $\aleph$（读作阿莱夫）表示，在字母的右下角，再用一个小号数字表示这个无穷大数的级别。这样一来，数目字（包括无穷大数）的数列就可以写作 1，2，3，4，5，……$\aleph_1$，$\aleph_2$，$\aleph_3$……（图 8）

这样，我们就可以说"一条线段上有 $\aleph_1$"个点或者"曲线的样式有 $\aleph_2$ 种"，就如同我们平时说"世界有 7 个大洲"或"一副扑克有 54 张牌"一样简单了。

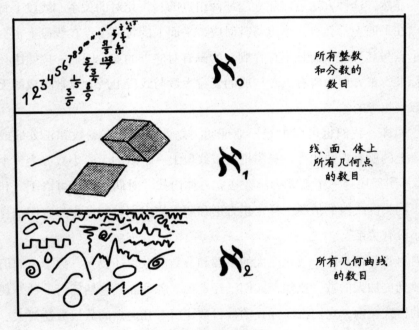

图 8 无穷大数的前三级

在结束对于无穷大数问题的讨论时，我们要指出，无穷大数的级别数只要有几个，就足够把我们所能想象出的任何无穷大数都囊括进去了。大家知道，$\aleph_0$ 表示所有整数的数目，$\aleph_1$ 表示所有几何点的数目，$\aleph_3$ 表示所有曲线样式的数目，但是到目前为止，还没有人想出一种能用 Z 来表示的无穷大数来。看起来，前三个无穷大数级别就足以包含我们所能想到得一切无穷大数了。所以，我们现在的处境，与我们前面说的原始人刚好相反：他们有许多个儿子，却数不了超过 3；我们什么都可以数得出来，但是却没有那么多东西让我们来数！

第二章 自然数与人工数

一、最纯粹的数学

数学常常被人们，尤其是被数学家们奉为学科中的皇后。地位如此尊崇，显然不能落于其他学科的下风。所以，在一次"纯粹数学和应用数学联席会议"上，当有人邀请希尔伯特做一次公开演讲，以图消除这两种数学家之间的敌对心态时，他这样说道：

经常听到有人说，纯粹数学和应用数学是相互对立的。这并不符合事实，纯粹数学与应用数学并不是相互对立的。它们过去不曾对立过，将来也不会如此。它们是对立不起来的，因为事实上两者丝毫没有共同之处。

然而，尽管数学一再想要保持自己的纯粹性，极力与其他学科分别开来，但其他学科却一直在向数学靠近。特别是物理学。事实上，几乎纯粹数学的每一个分支，包括诸如抽象群、不可逆代数、非欧几何等一向被认为极为纯粹且不会派上任何用处的数学理论，现今也都被用于解释物质世界的这个或者那个性质了。

不过，迄今为止，数学中还真有一个很大的分支并没有找到实际的用途（除了考验人的智力以外），它真的可以被赋予"纯粹之王冠"了。这就是大名鼎鼎的"数论"（这里的数指的是整数），它是数学最古老的一门分支，也是纯粹数学理论的最为复杂的产物。

不过很奇怪，数论这门最为纯粹的数学，从某种意义上来说，可以看作是经验科学，甚至是实验科学。事实上，它的绝大多数定理都是建立在数字试图干某些事情上的，正如物理学定律建立在物体试图干某些事情一样。而且，数论的一些定律已"从数学上"得到了证明，而另一些定律却还停留在经验的阶段，至今仍在纠缠着最为卓越的数学家去绞尽脑汁地证明，这一点和物理学相似。

我们可以以质数问题来作例。所谓质数，就是不能用两个或两个以上的较小整数的乘积来表示的数，如 1，2，3，5，7，11，13，17，等等。如 12 可以写成 $2 \times 2 \times 3$，它就不是质数。

质数的数目是无穷无尽的呢，还是存在一个最大质数，也就是说比这个最大质数还要大的数都可以表示为几个质数的乘积呢？最先想到这个问题的是欧几里得，他自己还做了一个漂亮而且简单的证明，得出"没有最大的质数"的结论，质数的数目可以无限地无约束地延长下去。

为了研究这个问题，暂且先假设已知质数的个数是有限的，最大的质数用 N 来表示。现在，让我们把所有已知的质数都相乘，再加上 1。写成数学公式是：

$$(1 \times 2 \times 3 \times 5 \times 7 \times 11 \times 13 \times \cdots\cdots \times N) + 1。$$

这个数显然比我们所假设的"最大质数"N 大得多。但是很明显，这个数是不能被到 N 为止（包括 N 在内）的任何一个质数除尽的，因为从这个数产生的方式就可以看出，不管用任何质数来被它除，都会多出 1 来。

因此，这个数要么本身就是个质数，要么是能比被 N 还大的质数整除的数，而这两种可能性都与原来对于 N 为最大质数的假设相矛盾。

这种证明的方式叫作反证法，这是数学家们最为常用的方法之一。

既然我们已经知道质数的数目是无限的，自然而然就想要思考下，是否有什么方法可以把它们一个不漏地写出来呢？古希腊哲学家兼数学家埃拉托色尼提出了一种名为"过筛"的方法。就是先把整个自然数列 1，2，3，4……写出来，然后去掉所有 2 的倍数数、3 的倍数数、5 的倍数数等。前 100 个数通过"过筛"后的情况如图 9 所示，共剩余 26 个质数。用这种原理简单的过筛方法，我们已经得到了 10 亿以内的质数表。

图 9

如果可以推导出一个公式，从而可以迅捷并且准确地推算出所有的质数（且仅是质数），那该多好啊。但是，经过很多个世纪的努力，我们并没有找到这个公式。1640 年，著名的法国数学家费马认为自己已经找到了这样的公式。这个公式是 $2^{2n}+1$，n 取各个自然数 1，2，3，4，等等。

从这个公式我们可以得到：

$2^{2^{1}}+1=5,$

$2^{2^{2}}+1=17,$

$2^{2^{3}}+1=257,$

$2^{2^4}+1=65\ 537$。

这几个数都是质数。但是在费马宣称他取得这个成就的后一个世纪，德国数学家欧拉指出，用费马公式算出的第五个数 $2^{2^5}+1=4\ 294\ 967\ 297$ 并不是一个质数，而是 6 700 417 和 641 的乘积，因此，费马这个推算质数的公式是错误的。

还有个值得一提的公式，用这个公式同样可以得到许多质数。这个公式是：n^2-n+41，其中 n 也取自然数各个值 1，2，3 等。现在发现，在 n 取 1 到 40 的情况下，用这个公式确实可以求得质数。但遗憾的是，在 n 取到 41 时，这个公式就失灵了。

事实上，（41）$^2-41+41 = 41^2 = 41\times41$，这是一个平方数，并不是一个质数。

人们还想到了另外一个公式，它是：$n^2-79n+1601$，这个公式在 n 是 1 到 79 时都可以求得质数，但是当 n 等于 80 的时候，它又不成立了。

因此，找到一个只求出质数的普适公式的问题至今没有解决。

数论定理中还有另外一个有趣的例子，那就是 1742 年提出的著名的"哥德巴赫猜想"。它是迄今为止一个既没有被证明也没有被推翻的定理。内容是：任何一个偶数都能表示为两个质数之和。通过一些简单的例子，你很容易认为这句话是对的。例如，12=7+5，24=17+7，32=29+3。但是数学家们在这方面投入了大量的工作，却仍然不敢断定这是对的，也找不到任何的反证。1931 年，苏联数学家史尼雷尔曼在问题最终的解决方向上迈出了建设性的一步。他证明了，每个偶数都能表示为不多于 300 000 个质数之和。"300 000 个质数之和"与"2 个质数之和"之间的距离，后来又被另一个苏联数学家维诺格拉多夫极大地缩短。他把史尼雷尔曼那个结论缩短到"4 个质数之和"。但是，从维诺格拉多夫的"4 个质数"到哥德巴赫的"2 个质数"，这最后的两步路大概是最难走的。没有人能告诉你，想要证明或者推翻这个让人为难的猜想，究竟是需要几年还是几个世纪[①]。

现在知道了吧，在推导出可以自动给出无论任意大小的所有质数的公式的问题上，从现在看来，我们距离解决这个问题还差得很远！目前我们甚至对是否真的存在这样一个公式，也还没有把握呢！

现在，让我们换一个小一些的问题来看看——在给定的范围内，质数所能占的百分比是多大。这个比值是随着范围的增大而增加还是减小，或者说近似为一个常数呢？我们可以以穷举的方法，即通过查找各种不同数值范围内质数数目的方法，来解决这个问题。按这种方法，我们查到，在100 以内有 26 个质数，在 1000 以内有 168 个质数，在 1 000 000 之内有 78 498 个质数，在 1 000 000 000 之内有 50 847 478 个质数。用质数的个数除以相应范围内整数的个数，会得到下表 1。

表 1

数值范围 1 ～ N	质数数目	比率	$\frac{1}{\ln}$ N	偏差（%）
1 ～ 100	26	0.260	0.217	20
1 ～ 1000	168	0.168	0.145	16
1 ～ 10^6	78 498	0.078 498	0.072 382	8
1 ～ 10^9	50 847 478	0.050 847 478	0.048 254 942	5

从这张表中首先可以看出，随着数值范围的增大，质数的数目相对减少了。但是，并不存在质数的终止点。

有没有一种简单的方法，可以用数学的形式，体现这种质数比值随所在范围的扩大而减小的现象呢？有，并且，这个有关质数平均分布的规律的发现，足可以称得上数学史上最值得称赞的发现之一了。这个规律很简单，就是：从 1 到任何自然数 N 之间，所含质数的百分比，近似由 N 的自

[①] 我国数学家陈景润更进一步，他提出：任何一个偶数都可以表示为一个质数与不多于两个质数的乘积之和（见《中国科学》，1973 年第二期）。——译者

然对数 ① 的倒数所表示。N 越大，这个规律就越精确。

从上表的第四栏，可以看到 N 的自然对数的倒数是多少。把它们和前面一栏做对比，就会看到两者是非常接近的，并且，N 越大，它们就越相近。

数论中的很多定理，开始时都是凭借经验提出假设，但是在很长一段时间内无法严格被证明的。上面这个质数定理也同样如此。直到 19 世纪末，法国数学家阿达马和比利时数学家布散才最终证明了它。由于证明方法太过复杂，我们这里就不多介绍了。

既然谈到整数，就不得不提一下著名的费马大定理，尽管这个定理和质数没有必然的联系。研究这个问题，先要回溯到古埃及。每一个古埃及的好木匠都知道，在一个边长比为 3∶4∶5 的三角形中，必然有一个角是直角。现在还有人把这样的三角形叫作埃及三角形。古埃及的木工就是利用这个规律来制作三角尺的。

公元 3 世纪，亚历山大里亚城的丢番图开始思考这样一个问题：从两个整数的平方和等于另一整数的平方和这件事上，具有这种性质的数是否只有整数 3 和 4？他证明了还有其他具有同样性质的整数（事实上有无穷多组），并且给出了求这些数的规则。这类三个边都是整数的直角三角形统称为毕达哥拉斯三角形。简单来说，求这种三角形的三边长度就是解方

---

① 简单说来，一个数的自然对数，与它一般对数与 2.3026 的乘积很近似。

程 $x^2 + y^2 = z^2$，方程式中的 x，y，z 必须是整数[①]。

1621 年，费马在巴黎买了一本丢番图所著的《算数学》的法文译本，书中提到了毕达哥拉斯三角形。费马读这本书的时候，在书的空白之处做了一些简短的笔记，并且指出 $x^2 + y^2 = z^2$ 存在无穷多组整数解，而形如 $x^n + y^n = z^n$ 的方程，当 n 大于 2 时，永远没有整数解。

他后来又标记道："我当时想出了一个绝妙的证明方法，但是书上的空白太小了，我写不完。"

费马去世后，人们在他的图书室里找到了丢番图所著的那本书，里面的笔记也随之公之于众。那已经距今三个世纪了。从那时起，世界各国最优秀的数学家们都尝试重新写出费马在做笔记时想到的证明方法，但至今没有人能成功。不过，在这个方向上已经有了很大的发展，数学一门全新的分支"理想数论"在这个过程中建立了起来。欧拉证明了，方程 $x^3 + y^3 = z^3$ 和 $x^4 + y^4 = z^4$ 不可能有整数解。狄利克雷证明了，$x^5 + y^5 = z^5$ 也是如此。凭借其他很多数学家的共同努力，现在已经证明，在 n 小于 269 的情况下，费马的这个方程都没有整数解。不过，对于指数 n 不管取任何值都成立的普遍规律的证明，却还一直没能做出。人们越来越倾向于认为，费马要不就是根本没有证明出来，要不就是在证明的过程中出了差错。为了征得这个问题的答案，曾经有过 10 万马克的悬赏。那时，研究这个问题的人蜂拥而

[①] 丢番图的规则是：取两个自然数 a 与 b，使 $2ab$ 为完全平方。那么：$x = a + 2ab$，$y = b + 2ab$，$z = a + b + 2ab$。

通过代数运算，很容易可以求得：$x^2 + y^2 = z^2$

以这种方法，我们可以列出无数的可能性，下面是前几个：

$3^2 + 4^2 = 5^2$（勾股定理），

$5^2 + 12^2 = 13^2$，

$6^2 + 8^2 = 10^2$，

$7^2 + 24^2 = 25^2$，

$8^2 + 15^2 = 17^2$，

$9^2 + 12^2 = 15^2$，

$9^2 + 40^2 = 41^2$，

$10^2 + 24^2 = 26^2$。

至，不过，这些追求金钱的业余数学家们终究一事无成。

这个问题依旧有可能是错误的，只要可以找到一个实例，证实两个整数的某一次幂的和等于另一个整数的同一次幂就行了。不过，这个幂次一定要在大于269的数目中去找，这可并不是一件简单的事情啊。

二、神秘的 $\sqrt{-1}$

现在，让我们来做些高级算术吧。二二得四，三三得九，四四十六，五五二十五，所以，四的算术平方根是二，九的算术平方根是三，十六的算术平方根是四，二十五的算术平方根是五①。那么，负数的平方根是什么样呢？$\sqrt{-5}$ 和 $\sqrt{-1}$ 这样的表达式有什么意义呢？

如果从有理数的角度来考量这样的数，你一定会得出结论，认为这样的式子没有任何意义，这里可以引用一位12世纪的数学家拜斯伽罗的话："整数的平方是正数，负数的平方也是正数。因此，一个正数的平方根存在两个：其一为正数，其二为负数。负数没有平方根，因为负数并不是平方数。"

但是偏偏数学家们很倔强。如果有些看似没有意义的东西不断地在数学公式中出现，他们就会尽可能挖掘出一些意义来。负数的平方根就在很多地方出现过，既在古老而简单的数学问题中出现过，也在20世纪相对论中时空结合的问题中崭露过头角。

第一位敢于把负数的平方根这个"明显"没有意义的东西写在公式里的勇士，是16世纪意大利数学家卡尔丹。在讨论是否有可能把10分成两部分，使得两者的乘积等于40的时候，他指出，尽管这个问题没有任何

---

① 还有很多数的平方根很好计算，比如：

因为　$\sqrt{5} = 2.236\cdots\cdots$

　　　$(2.236\cdots\cdots) \times (2.236\cdots\cdots) = 5.000\cdots\cdots$

因为　$\sqrt{7.3} = 2.702\cdots\cdots$

　　　$(2.702\cdots\cdots) \times (2.702\cdots\cdots) = 7.3000\cdots\cdots$

有理解，但是，如果把这个答案写成形如 $5+\sqrt{-15}$ 和 $5-\sqrt{-15}$ 这样的古怪样式，就可以满足上述要求了[①]。

尽管当时卡尔丹认为这两个表达式没有任何意义，是虚构的、不存在的，但是，他还是将它们写了下来。

竟然有人敢把负数的平方根写出来，而且，尽管这有些不可思议，但确实办到了把 10 分成两个乘起来等于 40 的事。就这样，有人开了头，负数的平方根，卡尔丹给它起了一个称号"虚数"，就越来越经常地被科学家们使用了，虽然总是留有很大的余地，并且还要找出各种的借口。瑞士著名科学家欧拉在 1770 年发表的代数著作中，有许多地方就用到了虚数。然而，对这种数，他又加上了这样表现碍眼的评述："一切形如 $\sqrt{-1}$、$\sqrt{-2}$ 的数字表达式，都是不可能有的、想象的数，因为它们表达的是负数的平方根。对于这类数，我们只能断定，它们既不是什么都不是，也不比什么都不是多些什么，更不比什么都不是少些什么，它们绝对是一种虚幻。"

不妨说，虚数就像实数在镜子里的幻象。而且，正如我们可以从基数 1 得到所有实数一样，我们可以把 $\sqrt{-1}$ 作为虚数的基数，从而得到所有的虚数。$\sqrt{-1}$ 通常写作 i。

很明显 $\sqrt{-9}=\sqrt{9}\times\sqrt{-1}=3i$，$\sqrt{-7}=\sqrt{7}\times\sqrt{-1}=0.246\cdots i$，等等。如此一来，每个实数都有了自己的虚数搭档。此外，虚数和实数还可以结合起来，形成单个的表达式，如 $5+\sqrt{-15}=5+\sqrt{15}i$。这种表达方式是卡尔丹发明的，而这种混合起来的表达式通常会被称作复数。

虚数闯入数学世界之后，足足有两个世纪之久，一直披着一张神秘的

---

① 证明方法是：

$(5+\sqrt{-15})+(5-\sqrt{-15})=5+5=10$

$(5+\sqrt{-15})\times(5-\sqrt{-15})$

$=(5\times5)+5\sqrt{-15}-5\sqrt{-15}-(\sqrt{-15}\times\sqrt{-15})$

$=25-(-15)=25+15=40$。

面纱，直到两位业余数学家用简单的几何方法给虚数做出解释之后，人们才恍然大悟。他们是挪威测绘员威塞尔和法国巴黎会计师阿尔刚。

按照他们的解释，一个复数，如3+4i，可以像图10那样表示，其中3是水平方向的坐标，4是垂直方向的坐标。

所有实数（正数和负数）对应的都是坐标系横轴上的点，而所有纯虚数则对应坐标系纵坐标上的点。当我们把位于横轴上的实数3和虚数单位i相乘时，就得到了位于纵轴上的纯虚数3i。也就是说，一个数与i相乘，在几何上就相当于逆时针旋转了90°。（图10）

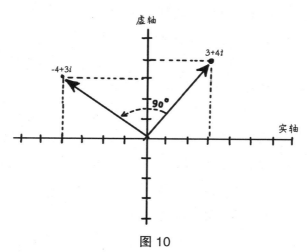

图10

如果把3i再乘以i，那么就再需要逆转90°，此时又回到了横坐标上，不过却位于负数那边，因为 $3i \times i = 3i^2 = -3$，或 $i^2 = -1$。

"i 的平方等于 –1"这个说法，比"两次旋转90°（逆时针进行）就会变成反向"更易于理解。

这个规律同样也适用于复数。如把3+4i与i相乘，得到

$$(3 + 4i)\,i = 3i + 4i^2 = 3i - 4 = -4 + 3i。$$

从图10可以看出，–4 + 3i 正好相当于 3 + 4i 这个点绕原点逆时针旋转90°。同理，一个数与 –i 相乘就意味着它绕着原点顺时针旋转90°。

这一点图 10 中也有显现。

如果你现在对于虚数仍然觉得难以置信，那么，我们通过一个简单并且含有虚数的实际问题来进一步理解吧。

从前，有个富有探险精神的年轻人，在他曾祖父的遗物中发现了一张羊皮纸，上面指向了一处埋宝地。它是这样写的：

乘船至北纬＿＿＿＿＿、西经＿＿＿＿＿[①]，就能找到一座荒岛。岛的北岸有一片大草地。草地上种着一株橡树和一株松树[②]。还有一架绞架，那是我们曾经用来吊死叛徒的。从绞架走向橡树，并记住所走的步数；到了橡树向右拐个直角再走相同的步数，在这里打个桩。然后回到绞架那里，向着松树走，同时记住所走的步数；到了松树向左拐个直角走同样的步数。在这里也打个桩。在这两个桩的正中间挖掘，就可以找到宝藏。

这条提示既清楚又明白。所以，这位年轻人就租了一艘大船开往宝岛。他找到了这座岛，也找到了橡树和松树，但令他十分沮丧的是，绞架不见了。经过岁月的蹂躏，绞架已经溃烂成土，毫无踪迹。

我们这位年轻的冒险家陷入了悲痛之中。情急之下，他开始在地上胡乱挖掘。但是，草地太大了，一切只不过是做无用功罢了。他只好空着手踏上归途。此时，那些宝藏恐怕还在这座岛上埋着呢！

这是一个令人伤心的故事，然而，更令人惋惜的是：如果这个年轻的小伙懂得一些数学知识，特别是关于虚数的，他是可以找到宝藏的。现在，我们就来为他找找看，尽管已经太晚了，并不能帮到他。

---

① 为防止泄密，文件上的实际经纬度，已经删去。
② 出于同样的原因，树种也发生了改变，因为宝岛在热带，所以树的种类一定会有很多。

图 11　用虚数来帮忙寻找宝藏

我们把这个岛看作一个复数平面。过两棵树画一条轴线（实轴），过两树中点做虚轴与实轴垂直（图 11），并以两树距离的一半为基本长度单位。这样，橡树就位于实轴 –1 点上，松树则位于 +1 点上。我们并不知道绞架的具体位置，不妨用大写的希腊字母 Γ（这个字母的样子很像绞架）表示它的假想位置。这个位置不一定在两根轴上，因此，Γ 应该是个复数，即

$$\Gamma = a + bi_\circ$$

现在我们来做点儿计算，同时别忘了我们讲过的虚数的乘法。既然绞架的位置为 Γ，橡树在 –1，那么它们的距离和方位便是

$$-1 - \Gamma = -(1 + \Gamma)_\circ$$

同理可知，绞架与松树相距为 $1 - \Gamma$。将这两段距离分别沿着顺时针和逆时针旋转 90°，也就是按照上述规则把两个距离分别与 –1 和 i 相乘。

这样便求出了两根桩的位置：

第一根：$(-i)[-(1+\Gamma)]+1=i(\Gamma+1)+1$，

第二根：$(+i)(1-\Gamma)-1=i(1-\Gamma)-1$。

宝藏在两根桩的正中间，所以，我们应该求出上述两个复数之和的中间点，即

$$\frac{1}{2}\left[i(\Gamma+1)+1+i(1-\Gamma)-1\right]$$

$$=\frac{1}{2}(i\Gamma+i+1+i-i\Gamma-1)=\frac{1}{2}(2i)=i。$$

现在可以看到，Γ 所表示的假想绞架的位置已经在运算中消掉了。无论绞架在何处，宝藏都在 +i 这个点上。

看吧，如果这位年轻的探险家会做这样简单的数学运算，他就无须挖遍整个海岛，只需在图 11 中 x 处一挖，就可以找到宝藏了。

如果你并不相信要找到宝藏，可以根本不用知道绞架的实际位置，那么不妨拿出一张纸来，画上两个树，再找不同的位置，假定为绞架的位置，然后按照羊皮纸上的指示去做。不管做多少次，你得到的一定总是复数平面中 +i 的那个位置！

借助 −1 的平方根这个虚数，人们还发现了另外一个宝藏，那就是发现普通的三维空间可以和时间相结合，从而形成遵从四维几何学规律的四维空间。在下一章介绍爱因斯坦的思想和他的相对论的时候，我们将再讨论这一发现。

第二部分

爱因斯坦与时空观念

第三章　空间的奇特性质

一、维数与坐标

大家都知道什么是空间，但是，如果细纠这个词的准确含义，恐怕又不知该如何描述。你可能会这样说：空间是可以包含万物，又可以让万物在其中上下、前后、左右运动的东西。拥有三个互相垂直的独立方向，是描述我们所处的物理空间的最基本的性质之一。我们称为，这个空间是三个方向的，即三维的。空间的任何位置都可以以这三个方向来确定。如果我们去了一座不熟悉的城市，想要找某家著名商铺的办事处，旅店服务人员会告诉你："朝南走过 5 个街区，然后向右拐，再过两个街区，在 7 层楼上。"这三个数一般被称为坐标。在这个例子里，坐标描述了大街、楼的层数与出发点（旅店大厅）的位置关系。显然，从其他任何地方来定位同一目标的方位时，只要采用一套可以正确表达新出发点和目标地点之间关系的坐标系就行了。并且，只要知道新、旧坐标系统的相对位置，就可以通过简单的数学运算，用旧坐标来表示出新坐标。这个过程叫作坐标变换。这里要说明下，三个坐标不一定非要是表示距离的数，在某些情况下，用角度当坐标会更加方便。

举例来说，在纽约，位置经常用街道和马路来表示，这是直角坐标系；在莫斯科则要换成极坐标系，因为莫斯科这座城市是以克里姆林宫为中心城堡修建起来的。从中心城堡辐射出若干街道，环绕城堡又形成若干

条同心的干路。这时，如果说某座房子位于克里姆林宫正东北方向的第
二十条马路上，当然会很便利。

图 12 给出了几种用三个坐标表示空间中某一点位置的方法，其中有
的坐标是距离长度，有的坐标是角度。但不管用什么坐标系统，都需要有
三个数。因为我们所研究的是三维空间。

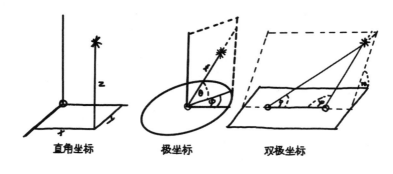

直角坐标　　　　极坐标　　　　双极坐标

图 12

对于我们这种只具有三维空间概念的人来说，要想象比三维空间更多维
的空间是非常困难的，而想象比三维空间少的低维空间却很容易。一个平面，
一个球面，或者不管什么面，这都是二维空间，因为对于平面上的任意一点，
只需要通过两个数就可以描述。同理，线（直线或曲线）是一维的，因为只
需要一个数就可以确定各点在线上的位置。我们还可以说，点是零维的，因
为在一个点上不存在第二个不同的位置。但话说回来，谁会对点感兴趣呢！

作为一种三维生物，我们可以很容易理解线和面的几何性质，是因为我
们可以"从外面"观察它们。但是对于三维空间的几何性质，就不太容易了，
因为我们本就是这个空间的一部分。这也解释了为什么我们毫不费力就理解
了曲线和曲面的概念，而一听说存在弯曲的三维空间就会大吃一惊。

不过，只要通过一些测试去了解"曲率"这个词的真实含义，你就
会发现，弯曲的三维空间这个概念其实很容易理解，而且到下一章结束时

（我们希望）你甚至可以轻松地讨论一个看起来更加可怕的概念——那就是弯曲的四维空间。

不过，在讨论弯曲的三维空间之前，还是先来做几个关于一维曲线、二维曲面和普通三维空间的脑力运动吧。

二、不用测量尺寸的几何学[1]

你早就在学校里和几何学混得很熟了。在你的记忆中，这是一门空间度量的学科，它的大部分内容，是叙述长度和角度的各种数值关系的一堆定理（如毕达哥拉斯定理就是在叙述直角三角形三边长度的关系），然而，空间许多最基本的性质，却根本无须测量长度和角度。几何学中关于这一分支的内容叫拓扑学[2]。

现在举一个简单的拓扑学的典型例子。假设有一个封闭的几何面，比如一个球面，它被一些线分割成许多区域。我们是这样做的：在球面上任选一些点，用不相交的线把它们连接起来。那么，这些点的数目、连线的数目和分割出区域的数目之间有什么关系呢？

首先，很明确的一点是：如果把这个圆球挤成南瓜那样的扁球体，或者拉伸成黄瓜那样的长条，那么，圆球点、线、区域的数目显然还和之前是一样的。事实上，我们可以取任何形状的封闭曲面，就像随意挤压扭曲一个气球时所能得到的那些曲面（但不能把气球撕裂或割破）一样。这时，上述问题的提法和结论都不会有丝毫改变。而在一般的几何学中，如果把一个正方体变成平行六面体，或者把球形压成圆饼，各种数值（如长度、面积、体积等）都会发生极大变化。这一点就是两种几何学的极大不同之处。

我们现在可以把这个划分好区域的球展开，这样，球体就变成了多面

---

[1] 名词"几何学"出自希腊文，是 ge（地球或地面）与 metrein（测量）的组合。显而易见，这个词的构造是出于古希腊人对测量实际地产的需求。
[2] 在拉丁文与希腊文中，这个词的意思都是"定位研究"。

体（图13），相邻区域的界线就变成了棱，原来随机选择的点就成了顶点。

图14展示了五种正多面体（即各个面都有同样多的棱和顶点）和一个随意画出的不规则多面体。

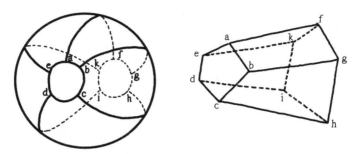

图 13 一个划分出许多区域的球面转化成一个多面体

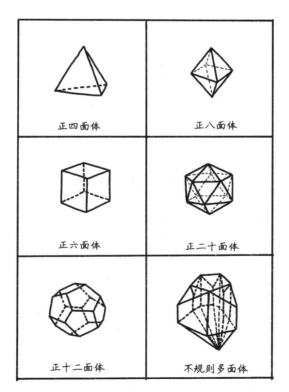

图 14 五种正多面体（只存在这五种）和一个不规则多面体

我们来数一数这些几何体各自拥有的顶点数、棱数和面数，看看它们之间有没有什么关系。数过之后，我们得到了下面的表2。

表2

多面体名称	顶点数 V	棱数 E	面数 F	V + F	E + 2
四 面 体	4	6	4	8	8
六 面 体	8	12	6	14	14
八 面 体	6	12	8	14	14
二十面体	12	30	20	32	32
十二面体	20	30	12	32	32
"古怪体"	21	45	26	47	47

前面三栏的数据，随意一看好像毫无关系。如果仔细研究一下就会发现，顶点数和面数的和总是比棱的数量大2。因此，我就可以得出这样一个关系式：$V + F = E + 2$。

这个关系式是对任何多面体都适用呢，还是只对图14举出的这几个特殊的多面体适用呢？你不妨再多画几个其他样子的多面体，然后数数它们的顶点数、面数和棱数。你会发现，结果依然如此。可见，$V + F = E + 2$ 这个公式是拓扑学的一个基本的数学定理，因为这个关系式成立与否无关棱的长度或面的大小的具体数值，只关于相关联几何学单位（顶点、棱、面）的数目。

这个关系最早是在17世纪由法国数学家笛卡尔发现的，但对它严密的证明则是由另一位数学大师欧拉给出的。这个定理现在就被称为"欧拉定理"。

下面就是欧拉定理的证明过程，引自古朗特和罗宾斯的著作《数学是什么？》。我们来看看，这类的定理该如何证明。

为了证明欧拉的公式，我们可以先把给定的简单的多面体想象成用橡皮薄膜做成的中空体（图15a），假如我们割掉它的一个面，然后让它变形，摊成一个平面（图 15b），当然，这样一来，它的面积、棱间的角度都会发生改变。但是这个平面网格的顶点数和边数都与原多面体相同。而多边形的面的数目则比原来多面体的面数少了一个（我们切去了一个）。下面我们将要证明，对于这个网格平面，$V - E + F = 1$。现在，再加上割去的那个面后，结果就变成：对于原多面体，$V - E + F = 2$。

首先，我们把这个网格平面"三角形化"，即给网格中不是三角形的多边形加条对角线。这样，E 和 F 的数目都会增加。但由于每增加一条对角线，E 和 F 的数目都会加 1，因此，$V - E + F$ 的结果仍然保持不变。这样一直添加下去，直至所有的多边形都变成三角形（图 15c）。在这个三角形化了的网格中，$V - E + F$ 仍和之前的数值一样，因为添加对角线的操作并不会改变这个数值。

有一些三角形位于网格的边缘，其中有的（如△ ABC）只有一条边位于网格边缘，有的则有可能有两条边位于网格边缘。我们依次把这些位于边缘的三角形的不属于其他三角形的边、顶点和面取掉（图 15d）。这样，从△ ABC 中，我们取掉了边 AC 和这个三角形的面，只留下顶点 A，B，C 和两条边 AB，BC；从△ DEF 中，我们拿去了平面、两条边 DF，FE 和顶点 F。

在如△ ABC 式的取法中，E 和 F 都会减少 1，但 V 保持不变，所以 $V - E + F$ 保持不变。在如△ DEF 式的取法中，V 减少 1，E 减少 2，F 减少 1，所以 $V - E + F$ 仍保持不变。以适当的方式依次消去这些位于边缘的三角形，直至只剩下一个三角形。一个三角形有三条边、三个顶点和一个面。对于这样简单的网格，$V - E + F = 3 - 3 + 1 = 1$。我们已经知道，$V - E + F$ 的值并不会随着三角形的减少而发生改变，因此，在开始的那个网格中，$V - E + F$ 也应该等于 1。但是，这个网格比原来那个多面体少一个面，因此，对于完整的多面体，$V - E + F = 2$。这便证明了欧拉的公式。

　　欧拉公式还有条有趣的推论：只可能有五种正多面体存在。就是图 14 中画出的那五种。

　　如果把前几页的证明仔细推敲下，你可能还会注意到，在画出图 14 所示的"各种不同"的多面体，以及在用数学推理论证欧拉定理时，我们都做了一个前提假设，它限定了我们对多面体的选择。这个前提假设就是：多面体必须没有任何透眼。所谓透眼，不是像气球上撕去一块后形成的图像，而是像面包圈或橡皮轮胎正中间的那个窟窿一样。

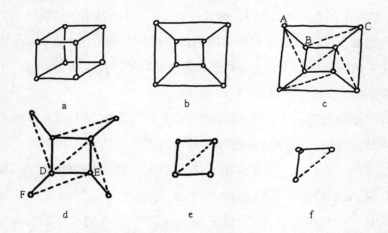

图 15　欧拉定理的证明。图中所示的是正方体的情况，
但结论适用于任意多面体

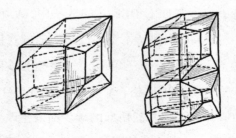

图 16　两个有透眼的立方体，它们分别有一个和两个透眼。
这两个立方体的各面不都是矩形，但在拓扑学中，这是无关
紧要的

只要参考图 16 就明白了。这里也有两种不同的几何体，它们和图 14 中的一样，也都是多面。

现在我们来考察下，欧拉定理对这两个新的多面体是否适用。

在第一个几何体上，可以数到有 16 个顶点、32 条棱和 16 个面；所以，$V+F=32$，$E+2=34$，显然是错的。第二个几何体有 28 个顶点、60 条棱和 30 个面；所以，$V+F=58$，$E+2=62$，这更是错得离谱。

为什么会这样呢？我们对欧拉定理做的通用性推论与两个例子的矛盾在哪里呢？

错误在于：我们之前考虑的多面体可以看作一个球胆或气球，而现在这种新的多面体却更应该被看为橡皮轮胎或更加复杂的橡胶制品，对于这类多面体，我们无法执行前面证明过程中一步必需的操作——"割掉它的一个面，然后让它变形，摊成一个平面"。

假如是一个球胆，那么，用剪刀裁掉一块之后，可以很容易就完成这个步骤。但对于一个轮胎，却怎样也不会成功。如果图 16 仍然不能让你信服，你找条旧轮胎亲手试试也可以！

但不要认为对于这类比较复杂的多面体，V，E 和 F 之间就不存在关系了。这个关系是存在的，不过和原来的关系就不一样了。对于面包圈式的多面体，说得更专业点，即对于环状圆纹曲面形的多面体，$V+F=E$。而对于那种甜麻花形的多面体，$V+F=E-2$。一般说来，$V+F=E+2-2N$，N 表示透眼的个数。

另一个与欧拉定理密切相关的典型的拓扑学问题，是所谓的"四色问题"。假设有一个划分为若干区域的球面，给这个球面涂上颜色，要求任何两个相邻的区域（即有共同边界的区域）颜色不同。问完成这项工作，最少需要几种颜色？很容易看出，一般情况两种颜色是不够用的。因为当三条边界交于一点的时候（比如美国的弗吉尼亚、西弗吉尼亚和马里兰三州的地图，见图 17），就需要有三种颜色。

　　想要找四种颜色的例子也不难（图17）。这是原来德国吞并奥地利时的瑞士地图[1]。

　　但是，任你怎么画，都画不出一张非得用多余四种颜色才能完成的地图，无论是在球面上还是在平面上[2]。看来，不管多么复杂的地图，四种颜色就足以区分边界了。

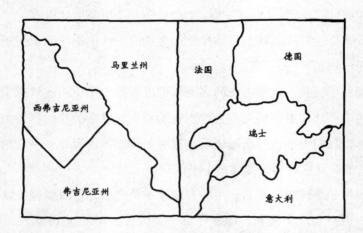

**图17　马里兰州，弗吉尼亚州和西弗吉尼亚州的地图（左边）
和瑞士、法国、德国、意大利的地图（右边）**

　　不过，如果这种说法是正确的，那就应该可以用数学加以证明。然而，虽然几代数学家都努力地想要证明这个问题，但至今仍未成功。这就是那种现实中已经没有人怀疑，但也无法证明的又一个典型的数学问题。现在，我们只能从数学上证明只要有五种颜色就足够了。证明方法是把欧拉关系式应用于国家数、边界数和数个国家碰到一块的三重、四重等交叉点数而得出的。

　　这个证明的过程十分复杂，要写出来会跑题，这里就不再赘述了。读

---

[1] 德国占领之前三种颜色足矣：瑞士上绿色、法国与奥地利上红色、德国与意大利上黄色。
[2] 着色问题在平面与球面上是相同的。比如我们解决了球面上地图着色的问题，就可以通过切割，把球面摊平出一个平面，这就是前面所说的拓扑学变换。

者们可以在各种有关拓扑学的书中找到它，并且抽一个晚上来愉快地阅读（说不定还得一夜不休）。如果有哪位可以证明出不需五种，而只需四种颜色就足以完成任何地图的上色，或者研究出一幅四种颜色无法表达的地图，那么，不管是做到了哪一种，他的大名就会在纯粹数学的年鉴上出现100年之久[1]。

但说来好笑，这个上色的问题，在简单的球面和平面上如何也证明不出来，然而在复杂的曲面，如面包圈形和甜麻花那样的模型中，却相对容易地得到了证明。比如，在面包圈式的模型中结论是，不管怎样划分，要使得相邻区域颜色不同，至少需要七种颜色。而且现实中的模型都做出来了。

读者不妨再开动下大脑，找一个充气的轮胎，再找七种颜色的油漆，给轮胎上色，使每一漆块都和另外六种颜色的漆块相邻。如果可以顺利完成，那就可以宣布他对面包圈形曲面真的理解了。

三、逆转空间

直至目前，我们讨论的都是各种曲面，也就是二维空间的拓扑学性质。我们同样可以把问题延伸至我们生存的这个三维空间。如此一来，给地图着色的问题在三维情况下就变成了：用不同的物质制作出形态各异的镶嵌体，并把它们拼接成一块，使得没有任何两块由同一种物质制作的镶嵌体有共同的接触面，那么，需要多少种物质？

什么样的三维空间与二维的球面或环状圆纹曲面相对应呢？能不能构想出一些特殊的空间，它们与普通空间的关系就像球面或环状面与普通平面的关系一样？乍一看，这个问题似乎很荒谬，因为尽管我们可以很轻松地想出不同样式的曲面来，但却一直倾向于认为，只有一种三维空间，即

---

①20世纪70年代，人们通过计算机找到了答案——译者。

我们熟悉并生活的这个物理空间。然而，这种想法很危险，并且具有欺骗性。只要发挥想象力，我们就可以想出一些与欧几里得几何教科书所述的空间并不相同的三维空间来。

要想象这样稀奇古怪的空间，主要的难点在于，我们本身是三维空间的生物，我们只能"从内部"来观察这个空间，而不像在观察各种曲面时那样，可以从"外面"来观察。不过，我们可以通过做几节脑力运动，使自己在征服这些古怪空间时不太过吃力。

首先，我们来建立一种性质与球面类似的三维空间模型。球面的主要性质有：它没有边界，却具有确定的面积；它是弯曲的，自我封闭的。能不能设想出一种同样是自我封闭的，从而拥有确定体积却无明显边界的三维空间呢？

设想有两个球体，它们各自限定于球形的表面内，如同两个没削过皮的苹果一样。现在，假设这两个球体"相互穿过"，沿着外表面粘在一起。当然，这并不是说，两个物理学中的物理如苹果，可以被挤压得相互穿过并且外表皮会粘在一起。苹果恐怕即使被挤压成碎块，都不会互相穿过。

图 18

或者，我们不妨假设有个苹果，被虫子蛀出盘根错节的隧道来。设想有两种虫子，比如一种黑色的和一种白色的；它们相互讨厌便会互相回避，因此，苹果内两种虫子蛀出的隧道并不会相通，尽管它们可以以苹果皮上紧挨着的两点为蛀食的起点。这样一个苹果，被这两条有仇的虫子不断蛀食，最终会像图 18 那样，出现互相很接近并且占据整个苹果内部的双股隧道。但是，尽管黑色虫子和白色虫子的隧道可以非常接近，但是，想要从两条隧道中的任何一条去到另外一条，却必须要先走到苹果表面才行。假如两条隧道越挖越细，分叉越来越多，最终就会把苹果内部分成两个互相交错的独立空间，但它们仅在公共表面上有连接。

如果你不喜欢虫子的这个例子，不妨想一想类似纽约世界博览会大厦这个巨大的球形建筑里那种双过道楼梯的系统。假想每一套楼道系统都绕过整个球形建筑，但想要从其中一套系统的某一点去到另外一套系统的某一点，只能先走到球形建筑连套楼道系统汇合的地点，然后再进行转移。我们认为这两个球体是互相交错但互不妨碍的。有可能你和你的朋友距离很近，但要见个面握下手，却要绕个很大的圈子才行。但要注意，两套楼道系统的连接点事实上与球内任何点都没有什么区别，因为你总是可以把整个结构进行形变，把连接点转移到内部，把原先内部的点转移到外面。还要注意，这个模型中，尽管两条隧道的总长度是确定的，却不存在"死胡同"。你可以在楼道中来回走动，但不会被墙壁和栅栏阻挡；只要你走得足够远，你一定可以在某个时候重新回到出发点。如果从外部观察整个结构，你可以说，这隧道里走动的人总会回到出发点，不过是由于楼道逐渐弯曲成球状所致。但是对于身处内部而对"外面"一无所知的人来说，这个空间就被理解为具有确定大小而无明确边界的东西。我们在下一章将会看到，这种没有明确边界，然而并非无限的"自我封闭的三维空间"在普通的讨论宇宙性质时是十分奏效的。事实上，过去用最强大的望远镜所进行的观测似乎表明，在我们视线所能及的最远的距离上，宇宙似乎开始弯曲了，这明显表明它有折返回来自我封闭的趋势，就像那个苹果被蛀食出隧道的例子一样。不过，在研究这些令人兴奋的问题之前，我们还得再了解一些空间的其他性质。

我们对苹果与虫子的研究还没有结束。下一个问题是：能否把一个被蛀蚀过的苹果变成一个面包圈。当然，这不是说让苹果变成和面包圈一样的味道，而是说样子变得一样——我们研究的是几何学，并不是烹饪法。让我们取一颗前面讲过的"双苹果"，就是那两个"互相穿过"并且表皮"粘在一起"的苹果。假设有只蛀虫在其中一颗苹果里蛀出一条环形隧道，如图19所示。切记，是在一颗苹果内蛀的。所以，隧道外的每一点都是同属两个苹果的双重点，而在隧道内则只有那个未被蛀食过的苹果的物质。这个"双苹果"模型现在就有了一个由隧道内壁构成的自由表面（图19a）。

如果假设这个苹果的可塑性很大，想捏什么形状都可以。在限定苹果不能破裂的条件下，能否把这个被虫子蛀食过的苹果变成面包圈形状呢？为了方便操作，可以把这个苹果切开，不过，在进行过必要的变形之后，还要把原来的切口黏结起来。

首先，我们把黏接着"双苹果"的果皮和胶质去掉，把两个苹果分开（图19b）。分别用数字Ⅰ和Ⅰ′表示这两张苹果的表皮，以便在下面步骤中识别它们，并在最后把它们重新黏合起来。然后，把那颗被虫子蛀食过的苹果沿着蛀食隧道切开（图19c）。这样一来又切出两个新面，记作Ⅱ，Ⅱ′和Ⅲ，Ⅲ′，将来同样是要黏结回去的。现在，隧道的自由面显现了出来，它应该转变为面包圈的自由面。好，现在就按照图19a的示意来操作这几块碎片。现在这个自由面被拉伸成了很大的一块（按照我们的假定，这种物质可以任意伸缩）。而切开的面Ⅰ，Ⅱ，Ⅲ的尺寸都变小了。与此同时，我们给第二颗苹果也做些手术，把它缩小成樱桃大小。现在开始往回粘。第一步先把第一步先把Ⅲ，Ⅲ′粘上，这比较容易，粘成后如图19e所示。第二步把缩小的苹果放在第一颗苹果所形成的两个夹口中间。收拢夹口，球面Ⅰ和Ⅰ′就重新粘在一起了，被切开的面Ⅱ和Ⅱ′也再度结合。这样一来，我们就做出了一个面包圈，很光滑，多么精致啊！

做这些有什么用呢？

　　并没有什么用，只不过是让你开动下大脑，体会一下什么是想象的几
何学。这有助于理解弯曲空间和自我封闭空间这类不寻常的事物。

　　如果你愿意更加放飞自己的想象力，那么，让我们来看看上述做法的
一个"实际应用"吧。

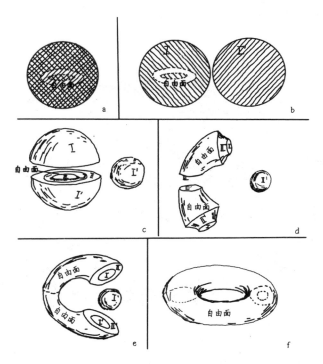

图 19　怎样把一个虫蛀过的双苹果变成一个绝顶美味的面包圈

　　你大概从来都不会想到，自己的身体里也具有面包圈的结构吧。事实
上，但凡是有生命的物体，在其发育的最初阶段（胚胎阶段）都经历过"胚
囊"这一状态。在这个阶段，它是呈球状的，中间横贯着一条较宽的通道。
食物会从通道的一端进入，被生命吸收了所有养分之后，其余物质从另一端
被排除。随着发育的成熟，这条内部通道就会变得越来越细，越来越复杂，
但最主要的作用依然不变，"面包圈形态"的所有几何性质都没有改变。

好了，既然你自己也是个"面包圈"，那么现在试着把图 19 的过程逆回去。把你的身体（在脑海中）想象成内部有条通道的"双苹果"，你身体中彼此相互交错的部分组成了这个"双苹果"的果肉，而整个宇宙，包括日月星辰，都被挤进了内部的圆形隧道。

你还可以试着把它画出来，看会画成什么样子，如果画得不错，那就连达利本人都得要承认你是超现实绘画派的权威了。（图 20）

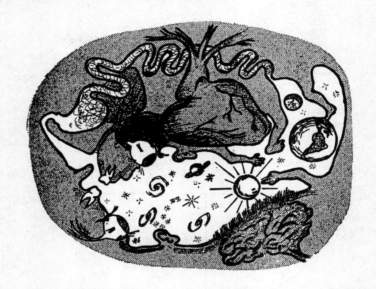

图 20　翻转出的宇宙。这幅超现实画作表现的是一个人在地球表面行走，仰望星空。这是通过图 19 所使用的方法进行拓扑学变换得来的。日月星辰都分布在一个拥挤的环形通道里，四壁是人体的器官

这一节已经很长了，但我们还不能到此结束，还要讨论一下左手系和右手系物体，以及它们与空间的一般性关系。这个问题从一副手套入手最是合适。一副手套有左右两只。把它们做比较就会发现（图 21），它们所有部件的尺寸都是相同的，然而，两只手套却有极大的不同：你决计不能把左手那只手套戴到右手之上，也不能把右手那只手套戴在左手之上。尽管你可以来回扭动它们，但是左手的永远只匹配左手，右手的永远只匹配右手。还

有，在鞋子的形状上，汽车的操控系统（英国的和美国的）上，在高尔夫棒球上，还有许许多多其他事物上，都可以看到左手系与右手系的区别。

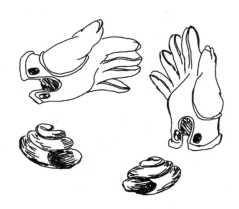

图 21　右手系和左手系的物体。看似相同，实则大大的不同

另一方面，有些东西，像礼帽、网球拍等许多的东西，就不存在这种区别。没有人会蠢到想去商店里买几只左手专用茶杯；如果有人叫你去和邻居借一把左手专用的扳手，这也是在捉弄人。那么，这两类物体有什么区别呢？稍一思考就会发现，礼帽、茶杯等这类物体都存在一个对称面。你不妨试试看，无论怎么切割，你都不可能把一只手套切割成两个相同的部分。如果某一类物体不具有对称面，我们就说它们是非对称的，而且可以把它们分为两类——左手系的和右手系的。这两类的区分不仅在诸如手套这些人造物体上存在，在自然界中也常有出现。例如，有这样两种蜗牛，它们在其他任何方面都相同，唯独给自己盖房子的方式有差别：一种蜗牛的壳呈顺时针螺旋形，另一种呈逆时针螺旋形。就是在像分子这样组成一切物质的微粒中，也和左右手套、蜗牛壳的情况一样，往往存在左旋和右旋两种形态。当然，用肉眼是无法识别分子的，但是，从这类分子所构成的物质的结晶形状和光学性质上，都能发现这种不对称性。例如，糖就有两类，左旋糖和右旋糖；还有两类吃糖的微生物，每一类只吃与自己同类形态的糖，信不信由你。

从上面的内容看，想要把一个右手系物体（如一只右手手套）变成左手系物体，似乎是完全不可能的。但果真如此吗？能否想出某种可以实现这种变化的神奇空间呢？让我们以在平面上生活的扁平人的视角来解答这个问题，因为这样一来，我们可以站在更加优越的三维的角度上来考察各个方面。请看图 22，图上描绘的扁平世界——仅有两维空间——的几个可能的代表物。那个手提一串葡萄站立着的人可以叫作"正面人"，因为只有"正面"而没有"侧身"。他旁边的动物是头"侧身驴"，说得更准确些，是一头"右侧身驴"。当然，我们也可以画出一头"左侧身驴"来。这时，由于两头驴都局限于这个平面，从两维的视角看，它们之间的不同正如三维空间中的左、右手套一样。你不能使左、右两头驴头并头地重叠在一起，因为如果要它们鼻子贴着鼻子、尾巴贴着尾巴，非得要其中一头翻个个儿才行，这样一来，它就可以在二维世界里立足了啊。

图 22 生活在曲面上的二维"扁平生物"如图所示。不过这类生物很不"现实"，那个人有正面而无侧面，他不能把手里的葡萄放进自己嘴里。那头驴子吃起葡萄来确实挺方便，但他只能朝右走。如果它想去左边，那就只能倒着走了，虽然这样也可以，但毕竟有违常理

不过，如果我们取出其中的一头驴子，在空间中扭转一下，再放回平面中来，两头驴子就变得一样了。类似地，我们也可以认为，如果把一只

手套从我们的空间剥离到四维空间中，用适当方式转换后再放回来，它就可以变成一只左手手套。但是，我们这个物理空间并不存在四维空间，所以只能认为上述方法是无法实现的。那么，还有其他方法吗？

让我们再回到二维世界来。不过我们要把图 22 中那样的一般平面，变成所谓的莫比乌斯面。这种曲面是以一个世纪以前最早对这种平面进行研究的德国数学家来命名的。它很容易制作：取一普通的纸条，把它一端拧一个弯后，将两端粘在一起形成一个纸环。从图 23 可以看到这个过程。这种曲面有很多特殊的性质，其中有一点很好发现：用剪刀沿着平行于纸环边缘的中线裁剪一圈（沿图 23 上箭头的方向），你一定会料到，如此会把这个纸环剪成两个独立的纸环；但是试着做下看，你就会发现自己想错了：得到的不是两个纸环，而是一个纸环，它比原来的纸环长了一倍，窄了一半！

让我们再来看看，一头扁平的驴沿着莫比乌斯面走一圈会发生什么吧。假设它从位置 1（图 23）开始出发。这时它看起来是头"左侧身驴"。从图上可以清楚地看到，它一直走，越过了位置 2，位置 3，最后再次接近出发点。但是，不光你觉得古怪，连它自己也感觉不对劲，在这个位置它的蹄子竟然是朝上的。当然，它可以在这个面内旋转一下，蹄子又回到了地面，但如此一来，头的方向又不一样了。

图 23　莫比乌斯面和克莱茵瓶

　　总之，当沿着莫比乌斯面走一圈后，我们的"左侧身驴"变成了"右侧身驴"。要记住，这种转换是在驴子一直处于平面中，而未被取出到空间中进行旋转变化的情况下发生的。这样我们就发现，在一个扭曲的面上，左、右手系物体都可以在通过扭曲处时发生转换。图 23 所示的莫比乌斯面，只是更加神奇的"克莱茵瓶"曲面中最平常的一种（克莱茵瓶如图 23 右边所示）。这种"瓶"只有一个面，它自我封闭并且没有明显的边界。如果这种面在二维空间是可能存在的，那么，同样的情况在三维空间也会发生，当然，这要求空间有一定的适当扭曲。要在空间中想象莫比乌斯扭曲绝不容易。我们不能像看扁平的驴子那样从外部来审视我们自己生存的空间，而从内部来观察往往又是不清晰的。但是，空间并非不可能是自我封闭的，并且存在一个类似莫比乌斯式的扭曲的。

　　如果情况果真如此，那么，在宇宙中环游过的旅行家将可以带着一颗位于右胸腔的心脏返回地球来。手套和鞋子的制造商或许可以通过简化生产过程而获益。他们只需要制造相同的鞋子和手套，然后把其中一把放进宇宙飞船，让它们在宇宙中绕上一圈，这样它们就可以适用于另一边的手脚了。

　　我们就以这个奇思妙想结束关于不寻常空间的不寻常性质的讨论吧。

第四章 四维的世界

一、第四维度——时间

有关四维的概念经常被认为是很神秘而且充满疑问的。我们这些只有宽、长和高的生物，怎么可以妄想什么四维空间呢？从我们三维的头脑里可以想象出四维的情景吗？一个四维的正方体或四维的球体应该是什么样的呢？当我们说去想象一头口鼻喷火、身体鳞甲的巨龙，或一架设有游泳池并且在双翼上建有网球场的超豪华客机时，实际上只不过是在头脑里臆想这些东西真的出现在我们面前时会是什么样子的。我们臆想的这种画面，仍然是大家所熟悉的，包括一切普通物体——连同我们本身在内的三维空间。如果说这就是"想象"这个词的含义，那我们就无法想象出出现在三维世界中的四维物体该是什么样子的了，正如同我们无法将一个三维物体压入一个平面一样。不过慢些，我们确实可以在平面上画出三维的物体来，所以在某种意义上可以说，我们将一个三维物体压入了二维平面。然而，这种方法并不是用液压机或者诸如此类的物理方法来实现的，而是用"几何投影"的方法实现的。用这两种方法将物体（以马为例）压入平面的差别，就如图 24 中所示的一样。

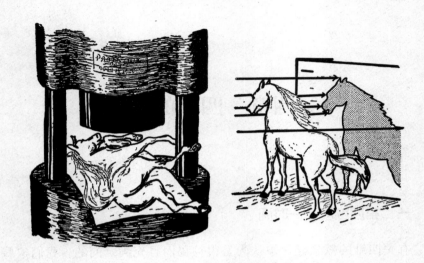

**图 24　将三维物体"压"入二维平面的两种方法，
左图是错误示意，右图是正确示意**

　　通过这样的方法，我们现在可以说，尽管不能把一个四维物体完全压入三维空间，但我们可以研究各种四维物体在三维空间的"投影"。不过还有一点，四维物体在三维空间的投影是立体的，就像三维物体在二维平面的投影是二维图像一样。

　　为了可以更好地理解这个问题，我们先来思考下，生活在平面上的二维扁平人该如何理解三维立方体的概念。很显然，作为三维空间的生命，我们有一个优势的地方，即可以从二维空间的上方，即用第三视角来观察二维平面的世界。将立方体压入平面的唯一办法，就是像图 25 所示的那样，把它影射到平面上。旋转这个立方体，就可以获得形态各异的投影。通过观察这些投影，我们那些二维世界的扁平的朋友们就可以多少对"三维立方体"这种奇异的图形的性质产生某些结论。他们无法跳出他们那个二维世界像我们这样观察立方体。不过仅通过观察投影，他们也可以知道这个图形有八个顶点、十二条边等。现在，请看图 26，你将发现，你与你那些只能从平面上苦苦思索立方体投影的扁平人处于相同境地了。事实上，图中那一家人正在惊奇地研究着的古怪图形，正是一个四维超正方体在我们这个三维空间中的投影[①]。

仔细观察这个图形，你可以轻松发现，它与图25中使得扁平人惊异的图形具体相同的特征：普通立方体在二维平面的投影是两个正方形，一个套着另外一个，并且顶点与顶点是连着的；超正方体在三维空间的投影是由两个立方体构成的，一个套着另外一个，顶点也是连着的。数一下就可以知道，这个超正方体共有 16 个顶点、32 条棱和 24 个面。这可真是好个正方体啊。

图25　二维扁片人正惊异地观察着三维立方体在他们那个世界中的投影

---

① 更准确地说，图 26 所示的是四维超正方体的三维投影在纸面上的投影。

图 26　来自四维空间的客人！这是一个四维超正方体的正投影

　　让我们再来看下四维球体该是怎样的吧。为了更好理解，我们还是先看一个比较熟悉的例子，即一个普通球体在平面上的投影。现在设想把一个注明陆地和海洋的透明的球体影射到一面白墙上（图27）。在这个投影中，地球的两个半球显然会重叠在一起，而且，从投影上看，美国的纽约和中国的北京离得很近。但这只是表面情况。实际上，投影中的每一个点都代表了球体上相对的两个不同点，而一架从纽约飞往北京的飞机，其在图像中的投影则先是移动到球体投影的边缘，然后再移动过去。尽管有时从图上看，有两架飞机的航线互相重合了，但如果它们事实上分别在两个半球上飞行，那么是并不会撞在一起的。

　　这就是普通球体在平面投影所具有的性质。再多耗费些想象力，我们就可以想象出四维超球体的三维投影的形状了。正如普通圆球的平面投影是重合（点对点）、只在外部的圆周上连接的圆盘一样，超球体的三维投影一定是两个相互贯通而且外表面连接着的球体。这种特殊的形体，我们在上一章已经有所讨论，不过当时是作为与封闭球面类似的三维封闭空间的例子提到的。所以，这里还要补充一句：上一章所说的两个沿着外表皮粘在一起的苹果，就是四维球体的三维投影。

图 27　地球的平面投影

同样，用这种类比的方法，我们可以对其他许多四维形体的性质的问题给予解答。不过，不管怎样，我们都做不到在我们生活的这个物理空间内想象出第四个独立的方向来。

但是，只要稍加思考，你就会明白，完全没有必要把第四个方向看得太过神秘。事实上，有一个我们几乎每天都要涉及的词汇，可以用来表示，并且也的确就是表示物理世界的第四个独立方向的，这个词汇就是"时间"，我们经常用时间和空间来描绘周围发生的事情。当我们谈及任何宇宙中的事情，不管是与老友在街上相遇，还是说万里之外的星体爆炸，一般都不只描述它在何处发生，还要描述出它是在何时发生的。因此，除了表示位置的空间中的三个方向要素之外，又增加了一个要素——时间。

如果再稍加思考，你就可以轻松地想到，事实上所有的物体都是四维的：三维属于空间，一维属于时间。你所住的房子就是在长度、宽度、高度和时间上延伸的。时间的延伸是以房子落成为始，直至它最后被焚毁，或者被拆迁公司拆除，再或者因为年久失修而坍塌。

没错，时间与其他三个方向要素有些不同。时间的间隔是用钟表来度量的：滴答一声便是一秒，哐当一声就是一时；而空间的间隔则是用标尺来度量的。况且，你可以用标尺来度量长、宽、高，却不能用这把尺子像钟表一样来度量时间；而且，在空间里你只可以选择向前、后、上、下方向上走，而且可以折返，但是在时间上却只能选择从过去到未来，而且无法退回。不过，即使存在上述区别，我们仍然可以把时间作为物理世界的第四个方向要素，但是，我们要明白，它与其他要素不大相同。

在选择时间作为第四维度时，采用本章开头所介绍的描述四维物体的方法比较容易。还记得四维形体，比如那个超正方体的投影是多么神奇吗？它居然有 16 个顶点、32 条棱和 24 个面！也难怪图 26 中的人会万分惊恐地盯着这个如同怪物一样的几何图形了。

不过，以这个新观点来看，一个四维正方体大概就只是一个存在了某段时间的普通的立方体而已。比如你在 5 月 1 日用 12 根铁丝做成了一个立方体，一个月后把它拆散。那么，这个立方体的每个顶点都应被认为沿着时间方向有条一个月那么长的线。你可以在每个顶点上挂一本小号日历，隔一天翻一页来记录时间。

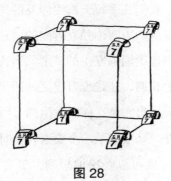

图 28

现在，要数出四维形体的棱数就容易多了（图 28）。它在开始的时候有 12 条棱，结束时还有这样 12 条棱①，另外又加上了 8 条描述各个顶点

---

① 如果你难以理解，可以假设有一个正方形，它有四个顶点和条边。把这个正方形沿着与四条边垂直的方向（或其他方向）移动边长长度的距离，这是不是就又多出了四条边呢？

存在时间的 8 条"时间棱"。同样可以数出它有 16 个顶点来，5 月 1 日它有 8 个空间顶点，6 月 1 日同样也有 8 个。用这种方法我们还能数出面的数目，读者可以自己来练习一下。要明白，其中有一些面是这个普通立方体的普通面，而其他多出来的面则是由原来的立方体的棱从 5 月 1 日延伸到 6 月 1 日所形成的空间与时间结合出的面。

这里讲述的关于四维立方体的原则，可以适用其他任何几何体或者物体，无论它们是否存在生命。

具体而言，你可以把自己想象成一个四维空间物。这与一根很长的橡胶棒很像，从你诞生之日一直延续到生命结束。遗憾的是，我们无法在纸上画出四维的物体来，所以，暂以图 29 上一个二维扁平人为例来表达这个意思。这里，我们所取的时间方向和扁平人所生活的二维平面是垂直的。这幅图只是表示出了这个扁平人漫长生命中一个短暂的部分，至于整个生命过程则要用上一根长得多的橡胶棒：始于婴儿时期的那一端很细，在多年里一直进行变动，到了去世之后就变成了固定的形状（死人是不会动的），之后开始分解。

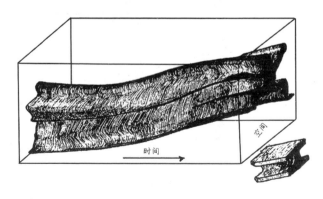

图 29

如果再精确些，我们应该认为，这个四维棒是由无数的纤维束组成

061

的，每一根纤维就是一个单独的原子。在整个生命过程中，大多数纤维会聚成一群，只有少数在理发或剪指甲时离开。因为原子是不灭的，人去世后，身体的分解也应该理解为是各个纤维向四面八方飞去（构成骨骼的原子纤维除外）。

在四维空间几何学的专业名词中，这样一根代表每一个单独物质微粒历史的线被称为"世界线（时空线）"。同样，组成一个物体的一束世界线被称为"世界束"。

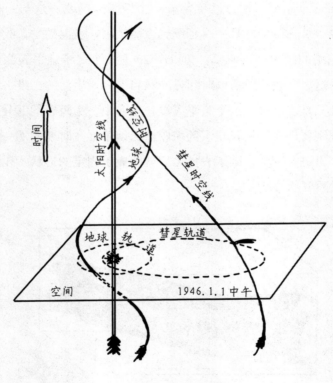

图 30

图 30 的示例是天文学中用世界线[1]表示太阳、地球和彗星。就像前面

---

① 这里本来用"世界束"更为准确，但是，从天文学尺度来看，恒星与行星都可近乎为点。

所举出的例子一样，我们令时间轴和二维平面（地球轨道平面）垂直。在图中以与时间轴平行的直线来表示太阳的世界线，因为我们认为太阳是不动的①。地球围绕太阳运动的轨道近似于圆形，它的世界线是一条环绕太阳世界线的螺旋线。彗星的世界线先是靠近太阳的，然后又会渐渐远去。

我们看到，以四维空间几何学的思维来看，宇宙的历史与拓扑图形可以完美地融为一体；要研究单个原子、动物或者恒星的运动，都只需考虑一束纠缠的世界线就行了。

二、时空当量

把时间认作与空间中的三维类同的第四维时，会遇到一个很大的麻烦。在度量长、宽、高时，我们可以使用统一的单位，如英寸、英尺等。但是对时间的度量却既无法用英寸，也不能用英尺，而必须使用完全不同的单位，如分钟或小时。那么，它们之间该如何进行比较呢？如果面对一个四维正方体，它的三个空间尺寸都是 1 英尺，那么，该取多长的时间单位，才能使得它四个维度都相等呢？是 1 秒，还是 1 小时，又或者 1 个月？1 小时比 1 英尺是长还是短？乍一看，这个问题让人摸不着头脑。不过，深入地想一想，你就可以找到一个合理的比较长度与时间间隔的方法了。你可以经常听到，某人的住处"坐公交只要 20 分钟"，某个地方"乘火车 5 小时就可以到"。这里，我们把距离表示为某种交通工具行走这段距离所需的时间。

因此，如果大家都同意采用一种统一的标准速度，就可以用长度单位来表示时间间隔了，反过来也一样。很显然，我们选取的作为时空的基本变换因子的标准速度，必须具备一种最基本而且普遍的性质，即不受人类主观意志和客观物理环境的影响，在任何情况下都可以保持不变。目前

---

① 事实上，相对于其他恒星来说，太阳是运动的。所以，当用星座为标准的时候，太阳的世界线将会向某个方向发生倾斜。

物理学中唯一可以满足这种要求的速度就是光在真空中的传播速度。尽管它通常被人们称为"光速"，但更准确的说法是"物质相互作用的传播速度"，因为任何物体之间的作用力，无论是电磁力还是万有引力，在真空中的传播速度都是相同的。此外，我们之后还可以看到，光速是一切物质所能达到的最大速度，没有任何物体可以以大于光速的速度在空间中运动。

第一次对光速测定的尝试是意大利著名的物理学家伽利略在 17 世纪做的。在一个漆黑的夜晚，他与助手来到了佛罗伦萨郊外的旷野，带着两盏有遮光板的灯，两人站开相聚几英里的距离。某一刻伽利略突然打开遮光板，让一束光向助手的方向射过去（图 31a）。助手已经得到指示，一旦看到伽利略方向来的光，就会立马打开自己灯的遮光板。既然认为光线从伽利略那里到达助手这里，再由助手这里折返都需要一定的时间，那么，从伽利略打开遮光板的一刻起，到看到助手方向射回的光线为止，应该也存在一定的时间间隔。但是，当伽利略让助手站到再远上一倍距离的地方重复这个实验的时候，却发现时间的间隔并没有变大。显然，光速太快了，走过几英里根本用不了多长时间。至于观察到的那个时间间隔，其实是由于伽利略的助手没能在看到光线时同步打开遮光板所造成的——这在今天被称为反应迟误。

尽管伽利略的这项实验并没有产生任何有实质意义的成果，但是他的另一发现，即木星拥有卫星，却在之后为第一次真正测定光速的实验提供了条件。1675 年，丹麦天文学家雷默在观察木星卫星的蚀现象时，发现木星卫星从木星阴影里消失的时间间隔每次都有所不同，是随着木星与地球之间距离的变化而变化的。雷默当即意识到（在研究图 31b 后你也会发现），这种现象并不是由于木星与它的卫星相对运动的轨迹是不规则的，而是由于当木星与地球距离不同时，观测到的卫星蚀现象传回地球所花费的时间不同。从他的观测算出，光速大约为 185 000 英里每秒。也难怪当初伽利略那套设备测试不出了，因为光从他的灯传送到助手那里再折返，仅仅只要十万分之几秒的时间！

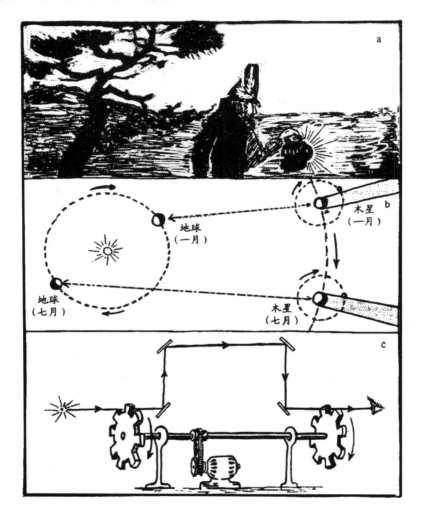

图 31

不过，用伽利略那套简陋的遮光灯完成不了的事情，后来通过更精密的物理仪器做成了。在图 31C 中，我们看到的是法国物理学家菲佐最先使用的短距离测定光速的设备。它的核心部件是安装在同一根轴上的两个齿轮，这两个齿轮的安装方法是，让我们从沿着轴的方向看过去的时候，第一个齿轮的轮齿正对着第二个齿轮的轮齿缝隙。这样一来，一束细小的光线沿着平行于轴的方向射出的时候，无论这组齿轮转动到了哪个位置，光都不能穿过这套齿轮系统。现在，让这套齿轮系统高速旋转起来。由于从第一个齿轮齿缝射入的光线，必然会经过一定的时间才能传到第二个齿轮。如果这段时间内，恰好齿轮系统只转过了半个齿，那么，这束光线就可以穿过第二个齿轮的齿缝了。这就好比汽车以一定的速度沿着装有按时转换的红绿灯系统的街道行驶一样。如果把这套齿轮的转数提高一倍，那么，光线在到达第二个齿轮的时候，刚好会射到再次旋转过来的轮齿上，就又会被挡住。但当转数再加快时，这个轮齿又会在光束到达之前旋转过去，相邻的齿轮缝正好转了过来刚好可以使得光线射过去。因此，知道光线出现和消失（或相反）所对应的转速，就可以算出光线在两个齿轮间传播的速度。为了降低测算所需的齿轮转速，可以让光在两齿轮之间多传播些距离，这凭借几面镜子（如图31中所画的那样）就可以实现。在这个实验中，当齿轮的转速达到1000转每秒的时候，靠近菲佐的那个齿轮的缝隙中透出了光线。这说明在此转速下，光线从一个齿轮到达另外一个齿轮时，齿轮的每个轮齿刚好转个了半个齿距。因为每个齿轮上都有50个完全相同的轮齿，所以齿距的一半刚好是圆周的1/100，这样算来，光线传播这段距离的时间也就相当于齿轮旋转一周所需时间的1/100。再将光线在两齿轮之间传播的距离考虑进来，菲佐得出了光速为300 000公里每秒或186 000英里每秒的结果，这与雷默木星卫星蚀案例中算出的结果很是相近。

接着，继两位先驱之后，人们又用了各种天文学和物理学方法做了一系列独立的计算。目前，最令人满意的光在真空中的传播速度（常用字母c表示）是：

c = 299 776 公里／秒

或 c = 186 300 英里／秒。

天文学中在描述距离时，数字一般都是非常巨大的，如果用英里或公里来表示，恐怕要写满整张纸才行，这时，以运行速度极快的光速作为基本单位就会极为便利。因此，天文学家会描述某颗星球与我们相距为 5 光年，就如同我们在说某地乘火车去要 5 小时一样。由于一年有 31 558 000 秒，1 光年就等于 31 558 000 × 299 776 = 946 × 10^{10} 公里或 5879 × 10^9 英里。以"光年"这个词来表示距离，事实上时间已经被看成了一种尺度，并且是在用时间单位来度量空间。同理，我们可以把这种表示法反过来，得到"光英里"这个概念，意思是光走过 1 英里路程所需要的时间。把上面的数值带进去，可算出 1 光英里等于 0.000 005 4 秒。同样，"1 光英尺"等于 0.000 000 001 1 秒。这就回答了上一节我们提到的那个四维正方体的问题。如果这个四维正方体的三个空间尺度都是 1 英尺，那么时间间隔就会是 0.000 000 001 1 秒。如果一个边长为 1 英尺的正方体存在了一个月的时间，那么就可以把它看成是一根在时间方向上比其他方向上长很多的四维棒了。

三、四维空间的距离

空间轴和时间轴上的单位该如何比较的问题解决之后，我们现在又要问了：四维世界中该如何理解两个点之间的距离呢？要记住，此情境中的每一个点都是空间和时间相结合的点，它对应于通常所说的"某个事件"。为了搞清这一点，我们来看以下的两个事件。

事件 I：1945 年 7 月 28 日上午 9 时 21 分，纽约市五马路与第五十街交叉口处一楼一层的一家银行被抢劫。

事件 II：当天上午 9 时 36 分，一架军用飞机因迷雾撞击到了纽约第三十四街与五、六马路之间的帝国大厦的第七十九层楼的墙上（图 32）。

图 32

这两个事件，从空间上看南北相隔 16 条街，东西相隔半条街，上下相隔 78 层楼；从时间上看相差 15 分钟。很显然，这两个事件的空间间隔与街道的号码和楼层的层数相关不大，因为用我们熟悉的毕达哥拉斯定理，把这两个空间点的坐标距离的平方和进行开方，可以变成一个直接的距离（图 32 右下角）。想要这么做的话，必须先得把各个数据都化成统一的单位，比如说英尺。如果相邻的街道南北距离为 200 英尺，东西距离为 800 英尺，每层楼的平均高度为 12 英尺，如此算来，三个坐标南北距离为 3200 英尺，东西距离为 400 英尺，上下距离为 936 英尺。用毕达哥拉斯定理可以求出两个出事地点之间的直接距离为

$$\sqrt{3200^2+400^2+936^2}=\sqrt{11\,280\,000}=3360\text{英尺}。$$

如果把时间作为第四个坐标的概念有确实的意义，我们就可以把空间距离 3360 英尺和时间距离 15 分钟结合起来，算出一个可以表示两事件的四维距离的结果来。

按照爱因斯坦原来的设想，四维空间中的距离，实际上只要把毕达哥拉斯定理进行简单的推广就可以得到，这个距离在各个事件的物理关系中所表达的意义，比单独的空间距离和时间距离所表达的意义更为基本。

想把空间与时间结合起来，必然要把各个数据都用统一的单位来表达，就像街道间距和楼房高度都用英尺来表示一样。前面我们已经看到，只要把光速作为转换因子，就可以轻松办到了。这样，15 分钟的时间间隔就可以转化为 8×10^{11} "光英尺"。如果给毕达哥拉斯定理做一个简单的推广，即把四个坐标距离（三个空间的和一个时间的）平方和的平方根定义为四维距离，我们事实上就消除了空间与时间的所有区别，承认空间和时间是可以相互转换的了。

然而，任何人，包括成就斐然的爱因斯坦在内，都办不到用布把一根尺子遮住，挥舞一下魔棒，念念有词说"时间过来，空间离开，变"的魔咒，就凭空创造出一只崭新的计时闹钟来。（图 33）

因此，我们在用毕达哥拉斯定理把时空合为一体的时候，应该选择一种特殊的方法，来保留二者之间的某些本质上的区别。按照爱因斯坦的观点，在把毕达哥拉斯定理进行推广的数学表达式中，可以通过在时间坐标的平方项前加符号来强调空间距离与时间间隔之间的物理区别。如此一来，两个事件的四维距离可以表示为三个空间坐标的平方和减去时间坐标的平方，然后再开平方。当然，首先还是要将时间坐标转化为空间单位。

图 33 爱因斯坦教授虽然不会变魔术，但他所做的比变魔术更伟大

因此，银行抢劫案和飞机失事案之间的四维距离应该如此计算：

$$\sqrt{3200^2 + 400^2 + 936^2 - 800\ 000\ 000\ 000^2}\ 。$$

与前三项相比，第四项显得异常巨大，这是因为这个例子源于普通生活，而当以普通生活的尺度来进行衡量时，时间的合适的单位太过渺小了。如果我们研究的不是发生在纽约市内的两个事件，而是以一件发生在宇宙尺度的事件作为例子，就可以得到大致相当的数字了，比如，事件 1 是 1946 年 7 月 1 日上午 9 时整在比基尼岛上有一颗原子弹发生了爆炸，事件 2 是在当天上午 9 时 10 分，有一颗陨石坠落到了火星的表面。这样，时间的间隔就是 54×10^{10} 光英尺，而空间的距离是 65×10^{10} 英尺，两者的大小相近。

在这个例子中，两个事件的四维距离是：

$$\sqrt{\left(65 \times 10^{10}\right)^2 - \left(54 \times 10^{10}\right)^2}\ 英尺 = 36 \times 10^{10} 英尺，$$

数值与单纯的空间距离和时间间隔都不一样了。

当然，可能有人会认为这种几何学不太合理。为什么不能把其中一个坐标和其他三个等同对待呢？一定不能忘记，任何人为地描述物理世界的数学系统都必须与事实相符；如果把空间和时间进行四维结合时，它们的确表现出不同性质，那么，当然也应该按照它们的不同性质来塑造四维几何学定律。而且，还有一个简单的办法，可以让爱因斯坦的空间几何公式与学校所教的古老的欧几里得几何公式看起来同样顺眼。这个办法是由德国数学家闵可夫斯基提出的，做法是把第四个坐标看作是纯虚数。你可能还记得书中第二章所讲的，一个普通的数字与 $\sqrt{-1}$ 相乘就成了一个虚数。我们还讲过，用虚数来求解几何问题是非常方便的。于是，按照闵可夫斯基的做法，时间这第四个坐标不光要用空间单位来表示，而且还要与 $\sqrt{-1}$ 相乘。如此一来，例子中原本的四个坐标就变成了：第一坐标，3200 英尺；第二坐标，400 英尺；第三坐标，936 英尺；第四坐标，$8 \times 10^{11}i$ 光英尺。

现在，我们可以把四个坐标距离的平方和的平方根认为是四维距离了，因为虚数的平方总是负的，所以，应用了闵可夫斯基坐标的普通毕达哥拉斯表达式，与应用了爱因斯坦坐标时看着不太舒服的毕达哥拉斯表达式，在数学上是等价的。

有这样一个故事，说的是一个患有关节炎的老人，问他的健康的朋友该如何避免这种疾病。

朋友回答说："我一生都在早上洗冷水澡。"

"哦，"老人叫道，"那你这是患了洗冷水澡的病了。"

如果你不喜欢前面那个就像患了关节炎的毕达哥拉斯定理，那么，你也可以把它变成这种就像患了洗冷水澡病的虚数坐标的方法。

由于时空里的第四个坐标是虚数，就一定会出现两种在物理上有所区别的四维距离。

在上面纽约事件的那个例子里，两个事件之间的空间距离比时间间隔小（用同样的单位），毕达哥拉斯定理中根号内的数为负数。因此，我们求出的是虚的四维距离；而后面一个例子中，时间间隔比空间距离小，毕达哥拉斯定理中根号内的数为整数，这显然意味着确实有思维距离存在于两个事件之间。

综上所述，既然空间距离被看作是实数，而时间间隔被看作是纯虚数，我们就可以认为，实四维距离与普通空间距离的关系较为密切；而虚四维距离则与时间间隔较为接近。在应用闵可夫斯基的术语时，前一种四维距离被称作类空间隔，后一种被称作类时间隔。

在下一章里，我们将看到类空间隔可以转化为常规的空间距离，类时间隔也可以转化为常规的时间间隔。但是，这两者一个是实数，一个是虚数，这个事实就是时空互相转换难以逾越的障碍，因此，一根尺子无法变成一座时钟，一座时钟也无法变成一根尺子。

第五章　时间和空间的相对性

一、时间和空间的相互转变

尽管用数学把时间和空间在四维世界中结合的时候，并没有完全消除二者的区别，但显而易见，这两个概念事实上非常相似。对于这一点，在爱因斯坦之前的物理学界是不太了解的。事实上，各种事件之间的空间距离与时间间隔，应该被看作仅是这些事件之间的基本四维距离在空间轴与时间轴上的投影，因此，旋转四维坐标系，便可以让表示距离的部分变为表示时间，或者让表示时间的部分变为表示距离。不过，时空的四维坐标系进行旋转的意义是什么呢？

我们先来看下图 34a 中由两个空间坐标所定义的坐标系。假设有两个距离为 L 的固定点。把它们的距离影射在坐标轴上，这两个点在第一条坐标轴的方向上相距 a 英尺，在第二条坐标轴方向上相距 b 英尺。如果把坐标系旋转某个角度（图 34b），同一个距离在两条新的坐标轴上的影射就与原来不同了，变成了 a′ 和 b′ 了。不过，根据毕达哥拉斯定理，在这两种情况下求出的两个投影的平方和的平方根数值是相同的，因为这个值所表示的是两点之间的真实距离，当然就不会因为坐标系发生了旋转而改变大小。也就是说，

$$\sqrt{a^2-b^2}=\sqrt{a'^2+b'^2}=L。$$

所以我们说，尽管坐标的数值是取决于所选择的坐标系，并不是确定的，然而它们的平方和的平方根的值却与坐标系的选择没有关系。

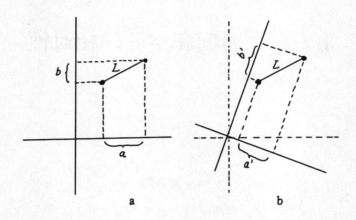

图 34

现在再来思考有一条距离轴和一条时间轴的坐标系。这时候，就由两个固定点变为了两个事件，而两条坐标轴上的投影则分别代表空间距离和时间间隔。假设这两个事件就是上一节讲到的银行抢劫事件和飞机失事事件，我们就可以画出一张示意图（图 35a），它与图 34a 很相像，不过图 34a 中是两条空间距离轴。好了，如何让坐标轴旋转呢？方法一定会让你大吃一惊：想要旋转时空坐标系，那就请上车吧。

好了，假设在 9 月 28 日那个多灾多难的早晨，我们真的坐上了一辆沿着第五马路行驶的汽车。如果能否经历这个事件仅仅取决于距离，那么，从功利主义的角度出发，我们最应该关心的就是汽车的位置与被抢劫银行和飞机失事的地点有多远。

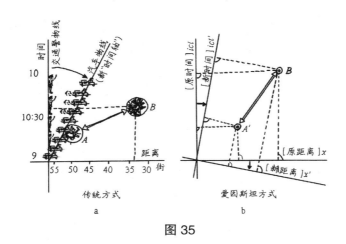

图 35

现在看图 35a，汽车与两个事件的世界线都画在了图中。你立马会注意到，从汽车上观察到的距离，与其他地方（比如警察站着的街口）所观察到的不一样。因为汽车是沿着马路行驶的，假设速度为每三分钟可以驶一个路口（这在纽约繁忙的交通中很平常），所以从汽车的角度上看，与两个事件的空间距离就缩短了。事实上，由于上午 9 时 21 分时汽车刚好驶过第五十二街，这与发生抢劫案的地方有两个路口的距离，在飞机失事的时候（上午 9 时 36 分），汽车在第四十七街口，这与出事的地点有 14 个路口的距离。因此，在测量相对汽车的距离时，我们就可以肯定地说，抢劫案和飞机失事案两地相距 14 - 2 = 12 条路，而不是相对城市建筑物而言的 50-34 = 16 条路。再观察一下图 35a，我们就可以看到，不能像过去一样从纵轴（警察的世界线）上来计量汽车上记录到的距离，而应该从那条代表汽车世界线的斜线上来计量。因此，后面这条线起到的就是新时间轴的作用。

把刚才所说的只言片语总结一下，就是说：从运动中的物体上观察正在发生的事情时，时空图中时间轴的角度应该进行一定的旋转（旋转角度的大小取决于物体的运动速度），而空间轴要保持不动。

这种说法，按照经典物理学的"常识"来看，简直就再正确不过了，然而这却会与四维时空世界的新观点产生冲突，因为既然认定时间是第四个独立的坐标，时间轴就应该永远与其他三个空间轴相互垂直，无论你是在汽车上、电车上，还是坐在人行道上！

在这个大是大非的时刻，面对这两种观点，我们只有一种办法：或者保留原来旧有的时间与空间的概念，完全不考虑统一时空的几何学；或者打破旧思想，认为时间轴与空间轴会一起旋转，从而使得二者永远保持垂直状态（图35）。

不过，旋转空间轴就意味着，在运动物体上观察到的两个事件的时间间隔，与在地面站台上观察到的时间间隔是不同的，这就如同旋转时间轴在物理中意味着，当从运动物体上观察两个事件的空间距离时会得到不同的值（在上面例子中为12条路和16条路）一样。因此，如果按照市政大楼钟表的计时，银行抢劫案与飞机失事案相隔为15分钟，那么，汽车的乘客在自己手表上看到的时间就不会是这个。这并不是由于手表的机械装置出了毛病而导致时间不准，而是由于在不同运动速度的物体上，时间流逝的快慢本身是不同的，因此，记录时间的机械装置也相应地变慢了。不过，在像汽车这样低的速度下，时间变慢的程度微乎其微，简直难以察觉。（这个现象本章之后会详细讨论。）

再来举个例子。设想有个人在一列疾驰的火车上用餐，从餐车侍者的角度上看，这个人是在同一个地方（比如第三张桌子靠窗的位置）喝开胃酒并且吃甜食的，但对于站在地面上从车外向车内张望的两个铁路工人而言，一个人看到他正在喝开胃酒，另一个看到他正在吃甜食，这两个事件的发生地点可能相距好几英里远。因此，我们可以说：一个观察者所认为的在同一地点、不同时间发生的两个事件，对处于和他不同运动状态的另一位观察者而言，却可以认为是在不同地点发生的。

按照时空等效的观点，把上面"地点"和"时间"这两个词进行互换，就会变成：一个观察者所认为的在同一时间、不同地点发生的两个事件，对处于和他不同运动状态的另一位观察者而言，却可以认为是在不同时间发生的。把这些结论放在餐车的例子中时，那位侍者绝对可以发誓说，位于餐车两边的两位乘客刚好在饭后同时点燃了一根香烟，而在地面上从车外向车内看的铁路工人也可以坚持说，两个人点烟的时间是一个在前一个在后。

因此，一种观察得出的结论认为是同时发生的两个事件，在另一种观察得出的结论中，却可以认为它们是相隔了一段时间的。

这就是把时间和空间看作仅是基本的四维距离在相应坐标轴上的投影的四维几何学，所能得出的必然结论。

二、以太与天狼星之旅

现在，扪心自问：我们这样使用四维几何学的语言，是否仅是为了证明在我们原来运行良好的时空观念中引入革命性变化的正确性？

如果回答是肯定的，那么我们就是在向整个经典物理学体系发起挑战，因为经典物理学的基础，就是牛顿在两个半世纪以前对空间和时间下的定义，即"绝对空间的本质，是与外界事物无关的，它从不运动，而且永不改变"；"绝对的、真实的数学时间的本质，是自发均匀流逝的，与外界任何事物无关"。显然，牛顿在写这句话的时候，并不认为自己是在记述什么新观念，更不会想到它能引发争议，他只不过把正常人思维中认为显然正确的时空概念用准确的语言表达出来而已。事实上，人们对经典时空概念的正确性是无比信任的，所以，这种概念经常被哲学家们认为是已经得到验证的东西。没有任何的科学家（更别提不是科学家的人了）曾怀疑它们可能是错的，需要重新审视和证明的。既然如此，为什么现在又发现了这个问题呢？

原因是：人们之所以抛开经典的时空概念，并把时间与空间结合为统一的四维体系，并不是出于审美，也不是出于某位数学大家的坚持，而是因为在科学实验中，不断地发现了很多并不能单独用时间和空间这种经典概念来解释的现象。

经典物理学这座看似华丽的永恒宝塔受到的第一次动摇根基的冲击——一次使得这座鬼斧神工宝塔的每一块砖石都被松动，每一面墙壁都被冲击——是由美国物理学家迈克尔逊在 1887 年做的一个实验引起的。这个实验看起来毫不起眼，但所起的作用不亚于约书亚的号角对于耶利哥的城墙所起的作用。迈克尔孙实验的设想很简单：光在通过"光介质以太"（一种假设的、充满宇宙空间和一切物质的原子之间的均匀物质）时，会表现出一定的波动性。

往池塘中丢一块石子，水波会向四周传播；振动的音叉所发出的声音也是以波的形式向四面传播的，任何物体所发出的光也是这样的。水面的波纹可以清楚地显示出水的微粒的运动；声波运动的显像则是被声音穿过的空气和其他物质的运动。但我们却难以找出什么物质来充当传递光波的媒介。事实上，光在空间中的传播显得如此随意（与声音相比），以致让人觉得空间是完全空的！

不过，如果空间真的是完全空的，非要说没有东西的空间有什么东西在振动，是不是太不符合逻辑了啊？因此，物理学家只好引入一个新的概念"光介质以太"，以便在解释光的传播时，可以给"振动"这个动词找到一个主语。单从语法角度讲，任何动词都要有个主语，但是——这个"但是"要大声强调——语法规则没有，也不能告诉我们，为了句式的正确性而引进的主语具有怎样的物理性质！

如果我们把"光以太"定义为传播光波的物质，那么，我们可以说光波是在光以太中传播的，这句话倒是可以成立的，不过这只是没有影响的重复的话罢了。光以太究竟是什么物质和它具有什么样的物理性质，才是实质性的问题。在这方面，任何语法都无法帮助我们，只有从物理学中才能找到答案。

在后面的讨论中，我们将看到，19世纪物理学中最大的错误，就是人们假设光以太具有类似我们所熟知的一般物质的性质。人们总会探讨光以太的流动性、刚度和各种弹性性质，甚至还会提到内摩擦。这样，光以太就具有了这样的性质：一方面，在传递光波时，它是一个振动的固体[①]；另一方面，对天体的运动它却毫无阻力可言，显示出极其完美的流动性。于是，光以太就被看作类似火漆的物质。火漆是固态的，在迅捷的机械力的冲击下很容易碎掉；不过如果安静地放置足够长的时间，它又会因为自身的重力而像蜂蜜那样可以流动。过去的物理学摄像光以太与火漆相像，并且充斥了整个宇宙空间。它对与像光的传播这种高速扰动，会表现得像坚硬的固体，而对于运动速度只有光速千分之一的恒星和行星来说，它又表现得像液体，会被恒星和行星从运动的轨迹上推开。

这种我们可以认为是模拟的观念，当被用在一种只知道名称的物质上，以图判断它具有哪些我们所熟悉的普通物质的属性时，从开始就是很大的错误。尽管人们做出了极大的努力，却仍然无法找到对这种神秘的光波传播媒介的合理的物理解释。

以我们现在拥有的知识，是容易察觉出这一类模拟错在何处的。我们知道，事实上，一般物质所有的机械性质都可以追溯到构成物质的微粒之间的作用力。例如，水具有良好的流动性，是由于水分子之间的滑动几乎没有摩擦力；橡胶具有出色的弹性，是由于它的分子很容变形；金刚石具有很强的硬度，是由于构成金刚石晶体的碳原子被牢牢地束缚在了刚性结构上。各种物质都具备的所有机械性质都是出自它们的原子结构，但把这一结论用在解释光以太这种绝对连续的物质上时，就变得毫无意义了。

光以太是种特殊的物质，它的组成与我们俗称为实物的各种比较熟

---

① 现在已经证明，光波的振动是与光的行进方向相互垂直的，所以也被称为横波。但对于普通物体，只在固体时出现横波，液体与气体中，粒子振动方向只会与波的行进方向相同。

悉的原子镶嵌结构完全不同。我们可以把光以太叫作"物质"（这仅因为它是动词"振动"语法上的主语），也可以把它叫作"空间"。不过要记住，我们前面已经见识到了，以后还会看到，空间具有某种形态上或者说结构上的内涵，所以它比欧几里得几何学认为的空间概念复杂得多。事实上，现代物理学中，"以太"这个名称（抛开它那些所谓的力学性质不谈）和"物理空间"表达的是同一个意思。

　　不过，我们扯得太远了，竟然对"以太"这个词进行起了哲学分析，现在还是回到迈克尔逊的实验上来吧。前面我们提到，这个实验的原理非常简单：如果通过以太的光是波，那么，安放在地面上的仪器所记录到的光速，将会受到地球在星际空间中运动的影响。站在地球上正好与地球公转轨道方向一致的地方，就会处于"以太风"中，就像站在高速行驶的船的甲板上，尽管此时是风平浪静的，也可以感受到有风迎面而来一样。当然，你是感觉不出"以太风"的，因为我们已经假设它可以轻松地穿梭于我们体内的各个原子之间了。不过，通过测量与地球运行方向角度不同的光的速度，我们就可以探查到它的存在了。众所周知，声音顺风传播的速度比逆风传播的要快，因此，光顺着以太风和逆着以太风传播的速度应该也会不同。

　　迈克尔逊想到了这一点，于是动手设计出一个仪器，可以记录出光速在不同方向上的差别。当然，用前面提到的费佐实验的仪器（图31）是更为简单的。迈克尔逊的仪器通过转向各个不同的方向，来进行一系列的测算，这种做法实际的效果差强人意，因而这要求每次的测量都要有相当高的精确度。事实上，由于我们预估的速度差（等于地球运动的速度）只有光速的万分之一左右，所以，每次测量都必须要有超高的准确度才行。

　　如果你有两根长度差不多的棍子，但是想要准确测出它们相差的长度的话，那么，你只要把它们的一端对齐，量出另一端的长度差就可以了。这就是所谓的"零点法"。

　　图36就是迈克尔逊实验的原理图，它就是用零点法来比较光在相互

垂直的两个方向上的速度差的。

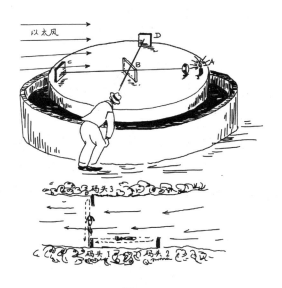

图 36

　　这套仪器中心的部件是一块玻璃片 B，上面镀着一层薄薄的水银，整个玻璃片是半透明的，可以让射入的光线一半通过，而另一半反射回去。因此，从光源 A 处射来的光束会在 B 处分成相互垂直的两部分，它们分别被与中心部件距离相等的平面镜 C 和 D 反射。从 D 折回的光线有一部分穿过了水银薄膜，从 C 折回的光线有一部分被水银薄膜反射；这两束光线在观察者眼睛的入射处会相交。根据我们都知道的光学知识，这两束光线会发生干涉，形成肉眼可见的明暗相间的条纹。如果距离 BC 等于 BD，两束光线会同时折返回中心部件，明亮的部分就会处于正中间；如果两者距离稍有不同，就会有一束光线相对较晚到达，于是，明亮的部分就会向左或向右产生偏移。

　　测试仪器是安装在地球表面的，而地球在空间中迅速地移动着，因此，我们可以料想，以太风会以与地球运行速度相同的速度拂过地球。例如，我们假设这股以太风在从 C 向 B 吹（如图 36），然后来观察下，这两束光线抵达相交处的速度有什么差别。

要知道，其中一束光线是先逆"风"、后顺"风"的，另一束却是在"风"中来回横穿。那么，它们哪个会先抵达呢？

设想有一条湍急的河，河上有条船从 1 号码头行驶到 2 号码头，然后再顺流而下回到 1 号码头。水流在前一阶段起到了阻碍的作用，但是在后一阶段起到了帮助的作用。你或许会认为这两种作用可以相互抵消吧？但事实上并非如此。为了搞清楚这一点，设想船以与水流速度相同的速度行驶。在此情况下，它将到不了 2 号码头！不难明白，水流使得整个航程所需的时间增大了一个因子

$$\frac{1}{1-\left(\dfrac{v}{V}\right)^2} \, 。$$

这里 V 代表船速，v 代表水流速度[①]。如果船速为水流速度的 10 倍，船来回一次所需的时间是

$$\frac{1}{-\left(\dfrac{1}{10}\right)^2} = \frac{1}{1-0.01} = \frac{1}{0.99} = 1.01（倍）$$

即比船在静止的水中多用了百分之一的时间。

用同样的办法，我们也可以算出船在来回横渡时所耽误的时间。这个耽误的时间是由于船从 1 号码头驶向 3 号码头时，船一定会稍微斜着一定的角度行驶，来抵消水流造成的漂移。这使耽误的时间相对较少，减少的倍数是

---

①1 表示两码头间距离，逆流速度为 $V-v$，顺流速度为 $V+v$，航行的总时间就是：

$$t = \frac{l}{V-v} + \frac{l}{V+v} = \frac{2Vl}{(V-v)(V+v)} = \frac{2Vl}{V^2-v^2}$$

$$= \frac{2l}{V} \cdot \frac{V^2}{V^2-v^2} = \frac{2l}{V} \cdot \frac{1}{1-\dfrac{v^2}{V^2}}$$

$$\sqrt{\dfrac{1}{1-\left(\dfrac{v}{V}\right)^2}}。$$

对于上面的那个例子，时间只增长了千分之五。要证明这个结论非常简单，乐于思考的读者可以自己尝试下。现在，把河流换成流动的以太，把船变成行进的光束，这就是迈克尔逊的实验了。光束从 B 到 C 再折返回 B，时间延长了 $\dfrac{1}{1-\left(\dfrac{V}{c}\right)^2}$ 倍，c 代表的是光在以太中的传播速度。光束从 B 到 D 再折返回来，时间增加了 $\sqrt{\dfrac{1}{1-\left(\dfrac{V}{c}\right)^2}}$ 倍。以太风的速度（与地球运动速度相等）为每秒 30 公里，光的运动速度为每秒 30 万公里，因此，两束光分别延迟了万分之一和十万分之五。这种差异，用迈克尔逊的实验装置，可以很容易观察出。

可是，在进行这个实验时，迈克尔逊竟然没有观察到干涉条纹有任何的移动，可以想象，他当时会是怎样的吃惊！

显然，无论光是如何在以太风中传播的，以太风对光速都不会产生影响。

这个结论太让人惊讶了，因此，迈克尔逊开始时简直不敢相信这个结果。但是，一次次精心实验的结果都在确实地说明，这个结果虽然让人震惊，但是正确的。

对于这个出人意料的结果，看起来唯一的、合理的、大胆的假设是，迈克尔逊那张架设镜子的石制平台，在沿着地球在空间中运动的方向上发生了微小的收缩（即斐兹杰惹收缩[①]）。事实上，如果 BC 收缩了一个因子 $\sqrt{1-\dfrac{V^2}{c^2}}$，但是 BD 保持不变。那么，这两束光耽误的时间就会相等，因

[①] 第一位引进这种概念的物理学家是斐兹杰惹，所以就以他的名字来命名。他认为这单纯地是运动的一种机械效应。

此就不会产生干涉条纹偏移的现象了。

不过，迈克尔逊那个平台会收缩这种想法，说起来轻巧，但理解起来却不容易。物体在有阻力的介质中运动时会收缩，我们确实遇到过这种实例，例如船在湖水中行驶的时候，在尾流推进器的驱动力和水的阻力的共同作用下，船体会产生一些压缩。这种由机械力所造成的船体压缩，压缩的程度与船体的材质有关，钢制的船体会比木制的船体压缩得少一些。但在迈克尔逊的实验中，造成实验结果出人意料地收缩，其收缩的大小只和运动的速度有关，而与材料本身的强度毫无关系。如果装设镜子的那张平台不是用大理石材料制成，而是用铁、木头或者其他任何物质制成的，收缩程度仍然相同。因此，很显然，我们遇到的是一种普适的效应，它使一切物体都以完全相同的程度发生收缩。根据爱因斯坦 1905 年描述这种现象时提出的观点，我们这里遇到的是空间本身的收缩。一切物体在以相同速度运动时都会收缩相同的程度，这完全是由于它们都被限制在了同一个收缩的空间中。

对于空间的性质，我们在前面第三、第四两章已经说了很多，所以，现在引出上面的说法就顺理成章了。为了把它说得更加清楚，可以想象空间有一些性质类似于弹性冻胶（其中残留着各种物体的轮廓痕迹）；在空间受到挤压、拉伸、扭转而发生形变时，所有包含在其中的物体就会自动地以相同的方式发生形变。这种形变是由于空间的形变造成的，这要和物体受到外力时在内部产生作用力而发生形变的情况加以区分。图 37 所示的二维空间的例子，对于区别这两种不同的形变可能会有所帮助。

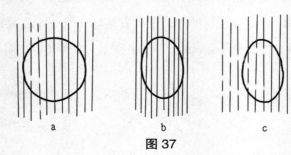

图 37

第二部分　爱因斯坦与时空观念

尽管理解空间收缩效应对于掌握物理学的各种基本原理非常重要，但在日常生活中却没人能发现它的蛛丝马迹。这是由于，我们平时所能接触到的最快速度，比起光速来，简直微不足道。例如，每小时行驶 50 英里的汽车，它的长度只会变为原来的

$$\sqrt{1-\left(10^{-7}\right)^2}=0.999\,999\,999\,999\,99$$

倍，相当于这辆汽车的长度只是减少了一个原子核直径的大小！即使是时速超过 600 英里的喷气式飞机，长度也只不过会减小一个原子核直径的大小。就算是时速 25000 英里的 100 米长的星际火箭，长度也才缩短了百分之一毫米！

不过，如果物体运动的速度可以达到光速的 50%、90% 或者 99%，它们的长度与静止长度相比就会缩短 86%、45% 和 14% 了。

有位佚名作家写过这样一首小诗，可以反映出这种高速运动物体的符合相对论的收缩效应：

菲克青年剑术精，
出刺迅速如流星，
碍于空间收缩性，
长剑形变成铁钉。

当然，这位菲克青年的出剑速度一定得像闪电一样快才行。

从四维几何学的角度出发，所有运动物体发生的这种普遍性的收缩是很容易解释的：由于时空坐标系的旋转，物体四维长度在空间坐标系上的投影发生了改变。你一定还记得上一节探讨的内容吧，从运动的系统上观察事件时，描述事件的坐标系，空间轴和时间轴都应该旋转一定的角度；旋转角度的大小取决于运动的速度。因此，如果是在静止的系统中，四维距离是会完全地投射在空间轴上的（图 38a），那么，在新的坐标轴上，

空间投影就总会短些（图 3b）。

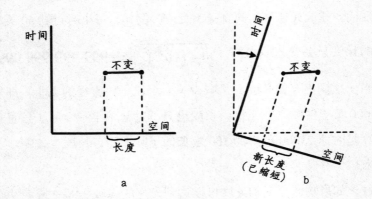

图 38

　　还有一个要点：长度的缩短仅与两个系统的相对运动有关。如果一个物体与另外一个物体所组成的系统是相对静止的，那么，它在新空间轴上的投影会用长度不变的平行线表示，而它在原来的空间轴上的投影会缩短相同的比例。

　　因此，判定两个坐标系哪个在"真正"运动的想法，不但是多余的，而且也没有物理意义。有实际关联的仅仅是它们的相对运动。所以，如果有两艘属于某"星际交通公司"的载人飞船，在以高速往返地球和土星时中途相遇，两艘飞船上的乘客透过窗户都会发现另一条飞船的长度明显地变短了，而对于他们自己乘坐的这艘飞船，却完全察觉不出有什么变化。因此，争论哪一艘飞船是真的缩短了是没有意义的，事实上，无论哪一艘飞船，在另外一艘飞船的乘客眼中看来都是缩短了的，而在它们本身运载的乘客眼里却是没有变化的[①]。

————————

① 这只是理论的场景。实际上，假如真有两艘飞船高速相遇，乘客们根本无法看到对方，就好比你无法看到射出的子弹一样，而子弹速度还远远低于飞船速度。

第二部分　爱因斯坦与时空观念

　　四维时空的理论还可以让我们明白，为什么只有在接近光速时，运动着的物体的长度才会有显著的改变。这是因为：时空坐标轴旋转角度的大小，是由运动系统所运行的距离，与相对应消耗的时间的比值所决定的。如果用米来表示距离，用秒来表示时间，它们的比值就是我们常说的速度，单位是米／秒。在四维系统中，时间间隔的大小是常用的时间单位与光速的乘积，而旋转角度的大小是通过运动速度（米／秒）与光速（相同的单位）的比值决定的，因此，只有当两个系统相对运动的速度接近光速时，旋转角度的变化以及这种变化对于距离测量结果的影响才会变得明显。

　　时空坐标系的旋转，不仅会影响空间长度，也会改变时间间隔。可以证明：由于第四个坐标具备了虚数的特殊本质①，当空间距离变短的时候，时间间隔就会变大。假如在一辆高速行驶的汽车里放一个时钟，它会比放在地面上的相同的时钟走得慢一些，嘀嗒声的间隔会变长。时钟的变慢就如长度的缩短一样，也是一个普遍的效应，只与运动速度相关。因此，最新潮的手表也好，祖父时代的旧式座钟也罢，沙漏也没关系，只要运动速度相同，它们变慢的程度就会相同。这种效应当然不会只是局限于被我们称为"表"和"钟"的特定机械，事实上，一切不管是物理的，还是化学的，又或者生物的过程，都会以相同的程度放慢。因此，如果你在快速行进的飞船上吃早饭，大可不必担心因腕上所戴的手表变慢了而把鸡蛋煮过了头，因为鸡蛋内部的变化也相应地变慢了。所以，如果你平时吃的是"五分钟煮蛋"，那么，你现在仍然可以掐着手表把蛋煮上五分钟。这里我们特意用飞船餐仓，而不是用火车餐车做例子，这是因为时间的拉伸与空间的收缩一样，只有当运动速度接近光速时才会变得较为明显。时间拉伸的倍数也是 $\sqrt{1-\frac{v^2}{c^2}}$，这和空间收缩时的情况一样。不过不同的是，这个倍数在时间拉伸时是除数，在空间收缩时是乘数。如果一个物体的运动相当

――――――――――――

① 或者说毕达哥拉斯公式在四维空间中向时间轴发生了弯曲。

快，运动的空间长度收缩一半，那么，时间间隔却会延长一倍。

运动系统中时间变慢这个现象，会让星际旅行产生一种有趣的情况。假如你打算去距离我们九光年的天狼星，于是，就坐上了速度堪比光速的飞船，你可能会认为，往返一次至少需要 18 年的时间，因此打算携带足够的食物。不过，如果你乘坐的飞船真的有堪比光速的速度，那么，这种担心就完全是多余的。事实上，如果飞船的速度能达到光速的 99.999 999 99%，你的手表、心脏、呼吸、消化和思维都将减缓 7 万倍。因此，从地球往返一次天狼星所需的 18 年时间（从留在地球上的人的角度看）在你看来不过是几个小时而已，如果你是吃过早饭从地球出发的，那么，当降落在天狼星某一行星上时，刚好到了午饭时间。要是时间紧凑些，吃过午饭后立马返航，你就可以回到地球吃晚饭了。不过，如果你忘了相对论的理论，回到家准会大吃一惊：你的亲友会认为你一定还在宇宙的某处，而且他们已经独自吃过 6570 顿晚饭了！地球上的 18 年，对于你这个以接近光速运动的旅客来说，只不过是一天而已。

那么，假如运行的速度比光速还要快会怎样呢？这里也有一首关于相对论的小诗：

年轻的女士啊，名叫伯雷，

可以飞驰呀，光都难追。

是爱因斯坦教会她的呀，

今天去游玩，昨天夜里就能回。

毫不夸张，如果运动速度接近光速可以让时间变慢，那超过光速不就可以逆转时间了吗！而且，由于毕达哥拉斯根式中代数符号的改变，时间坐标会变成实数，这样就转化成了空间距离。同时，在超光速运动的系统中，所有的长度都通过零转变为了虚数，这就变成了时间间隔。

如果这些是可能的，那么，图 33 中描绘的爱因斯坦把尺子变成时钟的魔术就变成真的可能会发生的事情了。只要他能想办法获得超过光速的运行速度，就可以了。

不过，我们目前掌握的物理世界，虽然是非常混沌的，却也不至于变得如此荒谬。这种像魔法一样的变化是不可能实现的。用一句很简单的话来概括就是：没有任何物体能以光速或超光速运动。

这一基本自然定律的物理学依据在于：大量的直接的实验证明，运动物体对抗它本身进一步加速的惯性质量，随着接近光速会无限地增大。因此，如果一颗左轮手枪子弹的运动速度达到了光速的 99.999 999 99%，对它进一步加速的阻力（即惯性质量）会相当于一枚 12 英寸的炮弹；如果达到了光速的 99.999 999 999 999 99%，这颗小小子弹的惯性质量就会相当于一辆满载的卡车。无论再给这颗子弹施加多么大的力量，也无法跨越最后的一位小数，使子弹的速度刚好等于光速。光速是宇宙中任何运动的速度的上限！

三、弯曲空间与重力之谜

在读完上面这几十页关于四维坐标系的讨论后，读者们大概会感觉头昏脑涨吧。对此，我深表歉意。现在，我就邀请大家一起去弯曲空间散散步吧。大家都知道曲线和曲面是怎么一回事了，可是，"弯曲空间"又是在说什么呢？这种现象之所以难以想象，主要不在于它听起来奇怪，而是由于我们不能像观察曲面与曲线时那样，从外部来审视空间。我们身处于三维空间之内，因此，对于三维空间的弯曲，只能从内部进行观察。为了理解生活在三维空间里的人该如何体会空间的曲率，我们先来考察假想的二维扁平人在平面和曲面上生活的情况。从图 39a 和 39b 中，可以看到一些扁平科学家，他们在"平面世界"和"曲面世界"中研究自己的二维空间几何学。最简单的可用于研究的图形，显然是连接三个顶点的三条直线所构成的三角形。中学里大家都学过，平面内任何三角形的三个内角和都是 180°。但是，如果三角形是在球面上的，很容易就可以看出，这个定理并不能成立。例如，由两条经线和一条纬线（这里借用的是地理学概念）相交而成的三角形中，就存在两个直角（底角），还有一个数值在 0° 和 360° 之间的顶角。以图 39b 上两个扁平科学家研究的三角形来说，三个内角的和就已经有 210° 了。所以，我们可以看出，扁平科学家们通过测量它们研究的那个二维空间中的几何图形，就可以察觉到他们世界的曲率，而并不需要从外面进行观察。

把上面的例子推广到又多了一个维度的世界，自然可以得出结论：生活在三维空间的人，只需测量连接这个空间中三个点所成三条直线之间的夹角，就可以求出这个空间的曲率，而无须站在第四维的高度。如果这三个角的和为 180°，那么可以认为空间就是平坦的，否则就是弯曲的。

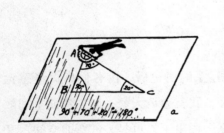

图 39　"平面世界"与"曲面世界"中的扁平科学家们
正在检验三角形的内角和是否与欧几里得定理相符

不过，在进行进一步的探讨之前，我们得先弄清楚直线这个词的概念。通过观察图 39a 和图 39b，读者们大概会认为平面三角形（图 39a）的各条边都是货真价实的直线，而曲面上出现的线条（图 39b）只是球面上大圆①的弧，所以是弯曲的。

这种源于平常几何概念中的提法，会让二维空间的扁平科学家们完全无法建立自己的几何学。对直线的概念需要给出一个更为普适的数学定义，使得它不但能在欧几里得的几何学中站得住脚，还可以在曲面与更加复杂的空间中立足。这个定义是这样的：直线，就是在给定的曲面或空间内两点之间的最短距离。在平面几何中，上述定义当然与我们印象中的直线的概念是相符的。在曲面这种更为复杂的情况中，我们会得到一组符合定义的线，它们在曲面上所起到的作用与欧几里得几何学中普通"直线"所起到的相同。为了避免混乱，我们通常把表示曲面上两点之间最短距离的线称为短程线或测地线，这是由于这两个名词首先是在测地学——测量地球表面的学科中使用的。事实上，当我们提到纽约和旧金山之间的直线距离时，我们指的是"直走，不拐弯"，也就是说沿着地球表面的曲率走，而不是假想那种巨型盾构机在地球上笔直地钻个洞。

这种把"广义直线"或"地测线"认为是两点之间最短距离的定义，告诉了我们做出这种线的物理上的方法：我们可以在两点之间紧绷一根绳。如果这是在平面上做的，那么得到的就是普通的直线；如果是在球面上做的，你就会发现，这根绳子是沿着大圆的弧紧绷着的，这就是球面上的地测线。

用相同的方法，还可以弄清楚，我们生活的这个三维空间，究竟是平坦的还是弯曲的。我们所要做的就是，在空间内取三个点，然后绷紧绳子，测量下三个夹角的和是不是等于180°。不过，在进行这个实验时，要注意两点：一是实验必须在足够大的范围内进行，因为曲面或者弯曲空间的一小部分可能会显得很平坦。很明显，我们不可能依据在某家人后院测出的结果来论定地球表面的曲率！二是空间或曲面某些部分可能是平坦

---

① 所谓大圆，就是球面被通过球心的平面切割得到的圆，比如地球的子午圈与赤道。

的，而在另一些部分是弯曲的，因此测量要在大范围内进行。

爱因斯坦在创立广义弯曲空间理论的时候，他的理论中包含了这样一种假设：物理空间会在巨大质量附近发生弯曲；质量越大，曲率也就越大。为了用实验证明这个假设，我们不妨找座大山，绕着山钉三根木桩，在木桩之间拉起绳子，然后测量这三根木桩上绳子所形成的夹角（图40a）。你即使选择了最大的山——哪怕是在喜马拉雅山脉中找到的——结论也只有一个：在允许的测量误差范围中，三个内角的和刚好是180°。但是，这个结果并不一定意味着爱因斯坦的理论是错误的，也并不意味着大质量的存在不会使得周围的空间发生弯曲，因为即便大如喜马拉雅山，可能使得空间弯曲的程度还不足以被目前最精密的仪器测量出来。大家应该还记得伽利略用遮光灯测定光速的那次失败了的实验吧（图31）！

因此，不要失落，再来一次实验吧。这次找个质量更大的东西，比如说太阳。

如果你在地球上找一个点，系好一条绳子，拉到一颗恒星上，然后再从这颗恒星拉到另外一颗恒星上，最后再绕回到地球上那个点，并且要让太阳刚好处在绳子围成的三角形之内。哈，这样就这成了。你会发现，这个三角形的三个内角的和会与180°有些许差异。如果你没有足够长的绳子来进行这项实验，用光束来替代绳子也成，因为光学理论告诉我们，光线的路径总是最短的。

这个测量光线夹角的实验方法如图40b所示。在进行观测时，位于太阳两侧的恒星 S I 和 S II 射来的光线会进入经纬仪，这样就测出了它们之间的夹角。然后，太阳离开后再次进行测量。把这两次测量的结果进行比较，如果有所不同，就证明太阳的质量改变了它周围空间的曲率，从而导致光线偏离了原来的路线。这个实验是爱因斯坦为了验证他的理论而设想的。读者们可以参考图41所画的类似的二维图像，加深理解。

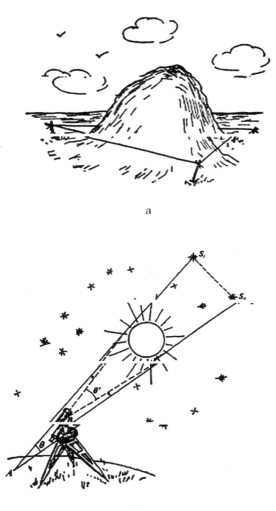

a

图 40b

在常态下进行爱因斯坦的这个实验，有一个很现实的难处：由于太阳光度太大，我们很难观测到它周围的星辰。想要在白天清楚地看到它们，只有在日全食的情况下才是办到。1919 年，英国一支天文学远征队到达了刚好在发生日全食的普林西比群岛（西非），通过实际观测发现，两颗恒星射来的光线所成的夹角，度数在有太阳和没太阳的情况下，实际相差1.61″±0.30″。而根据爱因斯坦的理论算出的值为1.75″。此后又做了各种观测，都得到了非常相近的结果。

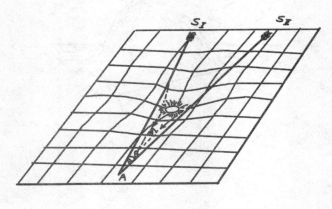

图 41

诚然，1.5 角秒这个度数并不大，但却足以证明：太阳的质量确实使得周围的空间发生了弯曲。

如果我们还能用其他比太阳质量更大的星体作为替代，欧几里得几何学中，三角形内角和定理就会出现若干分，甚至若干度的差错。对于身处内部的观察者而言，想要适应三维弯曲空间的概念，是需要一定的时间和相当丰富的想象力的。不过，一旦走对了路，它就会像所有其他的经典几何学概念一样变得明了。

为了充分理解爱因斯坦的弯曲空间理论以及它与万有引力之间根本性的关系，还要再向前走一步。我们一定要牢记，刚才一直在探讨的三维空间，只是四维时空这一切物理现象发生之地的一部分，因此，三维空间的弯曲，只不过是在四维世界极为普通的弯曲现象的一个显像，而描述光线和物体运动的四维世界线，应该看作是超空间中的曲线。

从这个观点进行思考，爱因斯坦得出了一个重要的结论：重力这个物理现象仅仅是四维时空世界的弯曲所产生的效应。因此，对于行星是受到了太阳直接的作用力，才围绕着它在圆形轨道上运动的这个陈旧的说法，现在可以鼎新革故地予以摒弃，用更加准确的说法来替代，那就是：太阳的质量使得周围的时空世界发生了弯曲，而图 30 所描绘的行星的世界线就是通过弯曲空间的短程线。

因此，把重力当作独立的力的概念，就在我们脑海中消失了。取而代之的新概念是：在纯粹的几何空间中，所有的物体都在由其他巨大质量所造成的弯曲空间中沿着最短的线路（即短程线）运动。

四、闭空间与开空间

在本章结束之前，我们还要简单说明另外一个在爱因斯坦时空几何学中非常重要的问题，那就是宇宙是否有限的问题。

直至目前，我们都在探讨空间在大质量附近发生的局部弯曲。这种情况就好比宇宙这张无垠的大脸上，长出了许多"空间痘痘"。那么，抛开这些局部的弯曲不谈，整个宇宙是平坦的呢，还是弯曲的呢？如果是弯曲的，又是何种的弯曲呢？图 42 画出了三个长着"痘痘"的二维空间。第一个是平坦的；第二个被称为"正曲率"，即球面或者其他封闭的几何面，这类面无论朝那个方向延伸，弯曲的"方式"都是相同的；第三个和第二个相反，一个方向上会向上弯曲，另一个方向便会向下弯曲，就像马鞍面一样，这被称为"负曲率"。这两种弯曲方式的区别很容易理解。从足球上割取一块皮料，再从马鞍上割取一块皮料，把它们摊在桌子上，然后试着把它们展平开来。你会注意到，如果不经过拉伸或者产生褶皱，这两块皮料都无法展开成一个平面。足球的皮料需要被拉伸，马鞍的面子会缩出褶皱；足球皮料在边缘的地方显得皮料太少，不够支持摊平，而马鞍皮料在边缘又显得过于多了，无论如何都会出现褶皱。

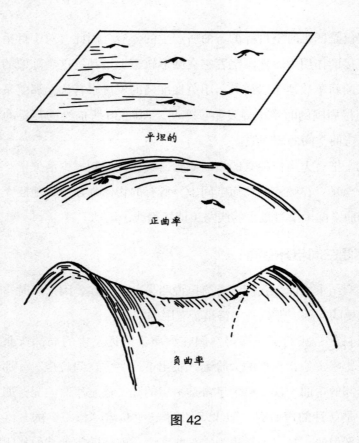

平坦的

正曲率

负曲率

图 42

　　这个问题我们还能换种说法。假如我们（沿着曲面）从某一点起，数一下在周围 1 英寸、2 英寸、3 英寸等范围内"痘痘"的个数，我们会发现：在平面上，"痘痘"的数目是如同按照距离的平方数增加的，即 1，4，9，等等；在球面上，"痘痘"的数目增长得比在平面上慢，在马鞍形面上增长得比平面上快。因此，生活在二维空间的扁平科学家，虽然无法从外部审视自己生活的世界，却可以通过计算不同半径的范围内所包含的"痘痘"数，来推断它的弯曲情况。在这里，我们还可以看出，正负两种曲面上的三角形的内角和是不同的。前一节我们已经讲过，球面上三角形的三个内角和总是比 180° 要大的。如果你在马鞍面上画着看看，就会发现，三个内角的和是比 180° 要小的。

把上面通过考察曲面而得到的结果发散到三维空间中去，就会得到下面这个表 3。

表 3

空间类型	远距离状况	三角形内角和	体积增长情况
正曲率 （类似球面）	自行封闭	$> 180°$	慢于半径立方
平直 （类似平面）	无穷伸展	$= 180°$	等于半径立方
负曲率 （类似马鞍面）	无穷伸展	$< 180°$	快于半径立方

这张表确实可以用来探讨我们生存的宇宙空间，究竟是有限的还是无限的。这个问题将在第十章研究宇宙的大小时进行讨论。

第三部分
无穷小的微观世界

第六章　下降的阶梯

一、古希腊人的观点

在对各种物体的性质进行研究时，人们总会先以大小适宜的熟悉物体作为切入点，然后慢慢研究进去，来探究那些肉眼看不到的物体性质的根本来源。现在，让我们来分析一下刚端上桌的蛤蜊大杂烩吧。这么做并不是因为这道菜美味可口，而是因为它是一个生动的可以说明混合物的例子。显而易见，它是由很多不同的成分混在一起的：蛤蜊片，洋葱瓣、番茄块、芹菜段、土豆丁、胡椒粒、肥肉末，还有盐和水，全都混杂在一起。

我们在日常生活中遇到的大部分的物质，尤其是有机物，一般都是混合物，尽管很多时候要用显微镜才能发现。比如，用低倍的放大镜可以发现，牛奶是均匀的由白色液体和浮游于其中的小奶滴油所混合成的乳状液。

用显微镜可以发现，土壤是一种精细的混合物，其中含有石灰石、黏土、石英、铁的氧化物、其他矿物质、盐类以及各种动植物腐烂而形成的腐殖质，如果把一块普通的花岗岩表面打磨光，就可以马上发现，这块花岗岩是由三种不同的物质（石英、长石和云母）的小晶体紧密地黏合在一起组成的。

在我们对物质的细微成分进行研究的这座有如不断下降的阶梯上，

混合物只是排在最前面的，或者说是楼梯口的。紧接着，我们可以对混合物中的所有纯净的成分进行研究了。对于真正的纯净物质，如一段铜丝、一杯水或室内的空气（飘荡的尘埃不算在内），用显微镜观察时发现不了其中有任何的异物，它们好像就是浑然一体的。的确，铜线等所有的固体（玻璃之类的非结晶体除外）在高倍放大后都会表现为"晶体结构"。在纯净物质中，我们看到的所有晶体都是同一种类型的——铜丝中全是铜晶体，铝锅中全是铝晶体，食盐中全是氯化钠晶体。用一种专用的手段（慢结晶），我们可以随意把食盐、铜、铝等任一纯净物质的体积随意增大，而得到的巨大的纯净结晶体中，每一小部分都和其他部分一样的均匀，就像水和玻璃那样。

仅凭肉眼，或者最好的显微镜的观察，我们是否可以认为这些均匀的物质，无论被放大多少倍都是一样的呢？换句话说，是否可以相信一块铜、一粒盐、一滴水，无论分解到何等的小，它们都可以保持相同的性质而不改变呢？它们是否永远都可以分割成具有相同性质的更小的部分呢？

第一个提出这个问题并且试图去解答的人，是大约2300年前在雅典生活的古希腊哲学家德谟克利特。他认为并不是这样的，而且他倾向于认为，任何一种东西，不管看起来是多么的均匀，都是由海量的（究竟数量多到什么程度，他也不知道）微小的（究竟小到什么程度，他也不知道）粒子组成的，并且他称这种粒子为"原子"，意思就是"不可再分割的东西"。各种物质中原子的数量是不同的，各种物质性质的不同只是表象的，而根本上是相同的。火的原子和水的原子是一样的，只不过表现出的性质是不同的而已。所有的物质都是由相同且唯一的原子组成的。与德谟克利特处于同一时代的恩培多克勒则有不同的观点，他认为存在若干种不同的原子，它们按照不同的比例互相掺杂，构成了各种不同的物质。

恩培多克勒基于当时还处于萌发阶段的化学知识，提出了四种原子的理论，来匹配当时被认定为四种最基本的物质：土、水、空气和火。按照这套理论，土壤是由紧密排布在一起的土原子和水原子构成的；排布得越好，土质就越好。土壤中生长的植物可以把土原子和水原子与太阳中存在的火原子结合起来，形成木质的分子。当脱水以后，木质就会变为木柴。燃烧木柴，就可以把木柴拆分为原来的火原子和土原子。火原子会从火焰里逃走，留下的土原子就成了灰烬。

这种用来解释植物的生长和木头燃烧的理论，在科学蒙昧的初期，看起来还很有逻辑性。不过，这种解释却是错误的。现在我们知道，植物生长所需要的大部分物质，并不像古人或很多现代人认为的那样来自土壤，而是来自空气。土壤除了作为支撑物和植物水库外，只提供一些供给生长的微量的盐类。要培养一大株玉米，只需要扳指那么大的一片土壤就足够了。

真相是这样的：空气是氮气和氧气的混合物（不是古人想象中的一种单一的元素），还有另外一定数量的由氧原子和碳原子结合成的二氧化碳分子。在阳光的作用下，植物绿色的叶子会吸收大气中的二氧化碳；二氧化碳和植物根系吸收的水分发生反应，生成各种物质，供给植物生长。生成物中有氧气，其中一部分氧气会回到大气当中，这就是在屋里养花草空气会变好的原因。

当木头燃烧的时候，构成木头的分子会和空气中的氧原子结合，重新生成二氧化碳和水蒸气，从火焰中飘散出去。

对于"火原子"这种古人们认为属于植物物质结构的东西，实际上并不存在。阳光只能提供能量，以使二氧化碳分子遭到破坏，变成供给生成的植物消化的气体养料，而且，既然不存在火原子这种东西，火焰就自然不会是火原子的溃散，而是一股发热的气体，由于在燃烧过程中释放了能量，所以变成了可以看到的物质。

我们再举个例子，来说明在古代和现代，对于化学变化，人们的看法有什么区别。你一定知道，金属是由不同的矿石在高炉中熔炼出来的，各种矿石粗看起来和普通的石头往往都差不多，因此，也难怪古代科学家们会为认为矿石与其他的普通石头是一样的，是由相同的土原子组成的。当把一块矿石丢进烈火中焚烧时，就会得到与普通石头完全不同的东西——一种有光泽的坚硬的物质，可用来制作上好的大刀与长矛的头。他们对这种现象做出了简单的解释，认为金属是土与火的结合物，换言之，就是土原子与火原子会结合成金属分子。

为了把这个想法推广至所有的金属，他们解释说：不同性质的金属，如铁、铜、金，是由不同比例的土原子和火原子结合成的。金光闪闪的黄金比乌黑的铁含有更多的火原子，这不是显而易见的吗！

所以，如果当真如此的话，为什么不能在铁里多加些火，或者干脆在铜里加些火，让它们变成贵重的黄金呢？中世纪那些追求物质的炼金术士们想到了这一点，试图把普通金属变成"人造黄金"，结果，他们只是在烟雾缭绕的熔炉边耗费生命而一无所获。

从他们的角度看来，他们所做的事情很有道理，就如同现代化学家在发明一种生产人造橡胶的方法时所做的事情一样。他们的理论与实践冲突的地方，在于他们并不认为黄金和其他金属是一种基本物质，而认为是合成物质。可是话又说回来，如果不是通过实验，又怎么可以知道哪些东西是基本物质，哪些东西是合成物质呢？如果没有这些化学界的先驱们进行的铜铁变金银的无果的尝试，我们可能永远不会知道，金属是基本的化学物质，而可以炼出金属的矿石，是金属原子与氧原子结合形成的化合物（如今化学中称为金属氧化物）。

铁矿石在熔炉熊熊的火焰中变成金属铁，这并不是炼金术士们所认为的不同原子（土原子和火原子）的结合，刚好相反，这是不同原子分开（铁的氧化物分子中除去氧原子）的结果。铁器暴露在潮湿的空气中表面形成的斑斑锈迹，也不是铁在分解时失去了火原子剩余的土原子，而是铁原子与水和空气中的氧原子结合形成的铁的氧化物分子[①]。

从上述讨论中，我们可以清楚地看到，古代科学家们关于物质的内部结构以及化学变化的基本思想，是基本正确的，他们的错误在于，并没能准确地认定哪些东西是基本物质。事实上，恩培多克勒所认定的四种物质没有一种是基本物质：空气是多种不同气体的混合物，水分子是由氢、氧两种原子构成的，土的组成成分极为复杂，其中包含极多的物质成分，最后，火原子压根就不存在[②]。

真实情况是这样的：自然界中有 92 种不同的化学元素，也就是说 92 种不同的原子，而不是四种。其中如氧、碳、铁、硅（大部分岩石的主要成分）等元素在地球上大量存在，并且被人们广为熟悉，还有另外一些元素很稀少，如镨、镝、镧之类，可能你还从来都没听说过呢。除了这些天然存在的元素之外，现代科学还有一些全新的人造元素，我们在之后的章节会谈到它们。其中有一种叫钚的元素，它的降生就是要在原子能的释放过程中起到至关重要的作用（不管是用于战争或者和平开发）。把这 92 种基本元素按照不同比例进行结合，就可以组成数之不尽的各种复杂的化学物质，如黄油和奶油，骨头和木材，食用油和石油，草药和炸药，等等。有一些化合物的名字实在是又长又拗口，很多人恐怕听都没听说过，但是化学家们却要去熟悉他们。目前，关于原子之间数之不尽的组合的

———————

[①] 这就是炼金术士们表示铁矿石变化的过程式：

$$土原子 + 火原子 \longrightarrow 铁分子，$$
（矿石）

铁生锈是：

$$铁分子 \longrightarrow 土原子 + 火原子。$$
（锈）

我们是这样描述这两个过程的：

$$铁的氧化物分子 \longrightarrow 铁原子 + 氧原子$$
（铁矿石）

和

$$铁原子 + 氧原子 \longrightarrow 铁的氧化物分子。$$
（锈）

[②] 后面的章节中可以看到，在光量子理论中，火原子的概念一定程度地得到了恢复。

情况、化合物的制备方法以及化学性质的记录手册，还在一卷一卷地增加呢。

二、原子有多大？

德谟克利特和恩培多克勒谈到原子的存在时，已经模糊地意识到，从哲学的理念来看，物质是不可能无限地分割下去的。它们迟早会达到一个小到不能再分的基本单位。

现代的化学家们在谈论原子时，思路就清晰了很多。因为要想理解化学中的基本定律，就一定要了解相关的基本原子和它们在复杂的分子组合中的性质。按照化学中的基本定律，不同的元素会按照严格的质量比例进行结合，这个比例就明显地反映了这些元素的原子间的质量关系。因此，化学家们得出结论，氧原子、铝原子、铁原子的质量分别是氢原子质量的 16 倍、27 倍和 56 倍。但是，原子的真实质量究竟是多少，人们并不知道。不过，各个原子的相对原子质量（即原子量）是化学中最根本的数据，而真实质量究竟是多少这一点，根本不会对化学定律和化学方法的内容和应用产生任何影响，因此，在化学中是可有可无的。

然而，物理学家们在研究原子的时候，他们首先就会问：原子的真实大小是多少厘米？它的重量是多少克？定量的物质中包含多少原子或多少分子？有没有办法可以用来观察、计量和操纵单个的原子或分子？

估测原子和分子大小的方法有很多，有一种很简单而且容易进行，如果德谟克利特和恩培多克勒当时想到了这个方法，也可以把它付诸实现，完全不用借助现代化的实验仪器。比如铜，它的最小组成单位是原子，那就不可能把它处理得比单个原子的直径还薄。因此，我们可以尝试着把铜拉伸，直到它成了一根由单个原子连成的长链；或者把它压扁，成为只有一层原子的铜箔。不过，用这种办法来对铜或者其他固体进行加工根本是无法实现的，它们一定会在加工的中途发生断裂。不过，把液体，如水面上的一层油膜，展开为一张单原子的毯子却是非常容易的。此时，分子"个体"与"个体"之间只在水平方向连接，但不在竖直方向叠加。读者们只要有足够的耐心并且小心翼翼，就可以自己来完成这个实验，测算出一些简单的数据，从而求出油分子的大小来。

找一个又浅又长的容器（图43），把它完全水平地放在桌子或地板上。在里面注水直至容器边缘，在容器上横着搭一条金属线，并让其与水面接触。假如向金属线的任意一侧加入一滴某种纯油，油就会布满那一侧的整个水面。现在沿着容器的边缘，向另外一侧移动金属线，油层就会随着金属线的移动越扩散越稀薄，直至变成厚度为单个油分子直径的一层。此后，如果继续移动金属线，这层完整的油膜就会破裂，下面的水就会显露出来。已经知道了滴入水槽的油量，也测出了油膜破裂前的最大油膜面积，单个油分子的直径就可以轻松算出来了。

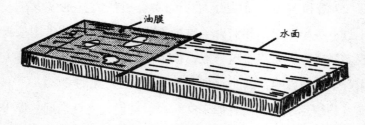

图43　水面上稀薄的油膜在延展到一定程度后就会裂开

在做这个实验时，你能看到另外一个有趣的现象。当油滴在水面上时，你最先会看到的是油面上的彩虹。这种彩虹你可能很熟悉，因为在港口附近的水面上经常可以看到它。它是光线在油层上下两个界面上的反射光互相干涉所形成的。颜色的不同是油层在扩散过程中各处厚度不同所造成的。如果你多等待一下，油层铺匀了，整个油面就只有同一种颜色了。随着油层越来越稀薄，颜色会逐渐由红变黄，由黄变绿，由绿变蓝，再由蓝变紫，这与光线波长的减小是同步的。继续扩展下去，油面的颜色就会完全消失了。这并不是因为油层不存在了，而是由于油层的厚度已经比可见光中最短的波长都要小了，它的颜色已经超出了我们的可视范围。不过，油面与水面还是可以区分开的，因为从这层极其稀薄的油膜上下表面所反射的光互相干涉的结果，光的强度会有所减小，所以，即使色彩消失了，油面还是由于显得较为暗淡，可以与水面区分开来。

实际进行这个实验的时候，你会发现，1 立方毫米的油可以覆盖大约 1 平方米的水面，再进一步拉开油膜，水面就会露出来了[1]。

三、分子束

还有一个有趣的方法可以演示出物质具有分子结构。这个方法是研究气体或蒸汽通过小孔喷入真空环境时实现的。

取一个陶土制成的小圆筒，在其一端钻个小洞，在外侧缠绕电阻丝，这样就做出了一个小型电炉。现在，把这个电炉放入一个高度真空的比较大的玻璃泡里。如果在圆筒里面放入一些熔点较低的金属，如钠或钾，那它内部就会充满金属蒸气。金属蒸气会从小洞里钻出来，它们一旦碰到较冷的玻璃壁，就会附着在上面。通过观察玻璃壁上各个地方所形成的像镜子一样的金属薄膜的情况，就可以清楚地了解到物质从电炉里跑出来后的运动情况了。

进一步分析，我们还会看到，电炉温度不同，玻璃泡内壁上金属膜的样子也会不同。当电炉温度很高的时候，它内部的金属蒸气密度就会很大，看起来就像是我们平时见到的从蒸汽机茶壶里会漫出水蒸气的样子。这时，小洞里喷出的金属蒸气会向各个方向扩散（图 44a），并充满玻璃泡，然后基本会很均匀地附着在整个玻璃泡内壁上。

---

[1] 想要把 1 立方毫米的油在 1 平方米的面积上摊开，油面得要扩大 100 万倍（从 1 平方毫米至 1 平方米）。所以，它的高度也得相应地缩小到 100 万分之一，这样体积才是不变的。这就是油膜厚度最小的限度了，也就是油分子的实际大小。它的数值是 0.1 厘米 $\times 10^{-6} = 10^{-7}$ 厘米 = 1 纳米。一个油分子里又含有若干原子，所以，原子会更小些。

当电炉温度较低的时候，它内部的金属蒸气密度也会较低。这时，就会是另外一种表现了。小洞里喷出的物质不会向四周扩散，而是绝大部分都会附着在正对着电炉小洞的玻璃壁上，它们似乎是沿着直线运动的。如果在洞口前面放一个小物件（图44b），就表现得更加明显了，物体物件正后面的玻璃壁上不会出现附着物，出现的空白的轮廓与遮挡物的形状完全一致。

如果我们意识到，金属蒸气就是在空间各个方向上大量分离的互相碰撞的分子，那么，就很容易理解蒸气密度大小不同时所发生的不同现象了。当金属蒸气密度较大时，从小洞喷出的气流，就像是失火剧场门内挤出的狂乱的人流，他们在门外的大街上四散逃跑时还会互相发生碰撞。另一种情况，密度小的时候，金属气流的状况就好比从门里一次只能让一个人出来，因此，他们可以笔直地走，而不会相互阻挠。

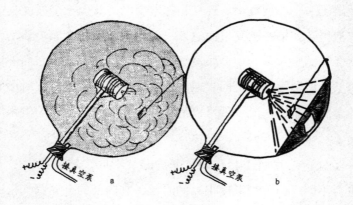

图44

这种从电炉小洞喷出的低密度的物质流被称为"分子束"，是由大量紧密的共同冲出空间的独立原子组成的。这种分子束对于研究单个分子的性质很有用处。例如，它可以用来测量热运动的速度。最先发明这种研究分子束速度装置的人是美国物理学家斯特恩，这个装置和伽利略测定光速的仪器惊人地相似（图 31）。它包括同轴的两个齿轮，只有以某种速度旋转时分子束才能通过（图 45）。斯特恩用一片隔板来承接分子束，从而知道分子运动的速度通常都是很大的（钠原子在 200℃时为每秒 1.5 公里），并且速度随着气体温度的升高还会增加，这就直接证明了热动力理论。按照这种理论，物体热量的增加会反映在分子无规则运动的加剧上。

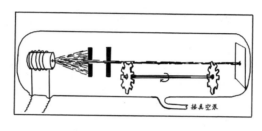

图 45

四、原子摄影术

上面的实验毫无出入地证实了原子假设的正确性，不过，能亲眼所见才更为真实。因此，最确凿的证据莫过于用眼睛看到原子、分子这些最小的单位。这个想法不久前被英国物理学家布拉格用他发展的晶体内分子和原子摄像法实现了。

不要认为给原子拍照是件容易的事，因为，在给如此小的物体拍照时，如果使用的照明光线的波长比被拍摄物体的尺寸大，照片就会非常模糊，就如你不能用刷墙的排笔来画工笔画一样。经常和微小的组织打交道的生物学家们很明白这种苦衷，因为细菌的大小（约 0.000 1 厘米）和可见光的波长相差无几。想要呈现细菌更加清晰的像，就得用紫外线来给细菌摄影，才能获得较好的效果。但是分子的尺寸以及它在晶格中的间隔极其小（1×10^{-7} 厘米），无论是可见光还是紫外线都无法描画出它。

如果想要看到单个的原子，非得用波长相当于可见光短几千分之一的射线——X 光不可。不过这样一来，又会遇到一个难以克服的困难：X 光可以穿透物体而不发生折射，因此，无论是放大镜还是显微镜，都无法使X光聚焦。再加上X光拥有强大的穿透力，这在医学中固然有用，因为X光如果在穿过人体时发生折射，X光底片就会变得模糊，但又因此性质，使得获得一张放大的X光照片的可能性急剧降低。

这么一看，好像完全没有办法了。可是布拉格想到了一个巧妙的办法。这个办法是建立在阿贝提出的显微镜的数学理论上的。阿贝认为，可以把显微镜所成的像看作是大量单独图样的叠加品，而每一个单独图样都是一幅在视场内成一定角度的平行的暗带。从图46所画的简单例子可以看出，一个处于黑暗背景中央的明亮的椭圆，可以通过四个单独的暗带图样叠加组成。

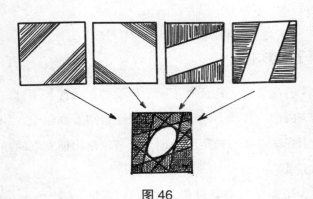

图46

依据阿贝的理论，显微镜的聚焦过程可以分为三个过程：1.把原图像分解为大量的单独的暗带图样；2.分别把每个图样都进行放大；3.把得到的图样叠加起来，拼接成放大了的图像。

这个过程就好比用几块单色版印制彩色图片。单独地看每一块独立色板时，可能不知道上面究竟是什么，但如果正确地叠加起来时，就会呈现出整幅图像，不但清楚，而且生动。

可以自动完成上述步骤的X光透镜还没有，所以我们不得不分步来进行：首先，从不同角度对晶体拍摄大量单独的 X 光暗带图样。然后，把它们正确地叠印在同一张感光片上。这就像是真有了 X 光透镜一样，只不过用透镜只需要一瞬间就能完成的工作，现在却要一位熟练的实验人员忙上很多时间。正因如此，布拉格的方法只能用于拍摄晶体照片，不能用于拍摄液体和气体的照片。因为晶体的分子总在原地，而液体和气体的分子却在不停地乱跑。

　　用布拉格的方法，虽然不能一下就拍出照片，但是合成的照片同样也很完美。这就好比由于技术原因，无法在一张底片中拍下整座宏大的教堂，但不会有人反对用几张胶片进行分拍一样。

　　下面的版图 I 就是如此得来的一张 X 光照片，所拍摄的是六甲苯。化学家们是这样画它的：

　　由六个碳原子构成的碳环，以及另外六个和它们相连接的碳原子，在照片中都清晰地显示了出来。不过较轻的氢原子感光很弱，几乎看不出来。

　　即使是再多疑的人，亲眼看到照片之后，也该承认分子和原子是真实存在的了吧！

五、劈开原子

　　德谟克利特给原子起的名字，在希腊文中是"不可再分者"的意思，就是说，这些微粒是物质可分与不可分的界限，或者也可以说，原子是物体组成的最小部分。历经几千年，"原子"这个以往只存在于哲学中的概念有了精确的科学解释，它被大量的实验证据所充实，成了真正的实体。与此相伴的，原子是不可分的这个概念仍然深入人心。过去人们认为，不同元素的原子之所有拥有不同的性质，是由各种原子的几何形状的不同所导致的。例如，人们曾经认为，氢原子是球形的，钠原子和钾原子是长的、椭球形的。另外，氧原子的形状是像面包圈一样的，不过，中间的洞会被堵上。这样，在氧原子两边的洞里各安一个球形的氢原子，就会生成一个水分子（H_2O）。钠或钾之所以可以置换出水分子中的氧原子，是因为钠和钾的椭球形原子比球形的氢原子可以更好地融入面包圈状的氧原子的中心洞里（图 47）。

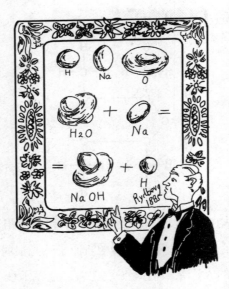

图 47　图中右下角签名是：里德伯，1885 年

从这种观点出发，不同元素之所以会发射不同的光谱，是因为不同形状的原子拥有不同的振动频率。基于这种思想，物理学家们试图通过实验测定的各元素的光谱频率来确定不同原子的形状，就像声学中人们解释小

提琴、乐钟、萨克斯管的不同音色一样。

　　但是，这种尝试并没有成功。用原子的几何形状来解释各种原子的物理和化学性质的方法，也没有获得突破。直到人们意识到，原子并不是几何形状不同的简单物体，刚好相反，是通过许多独立的、运动着的部分组成的复杂结构后，才真正踏出了理解原子性质的第一步。

图 48　图中右下角的签名是：汤姆孙，1904 年

"原子躯体第一切"的荣誉属于著名的英国物理学家汤姆孙。他提出，所有元素的原子都含有带正电和带负电的结构，它们靠电吸引力结合在一起。汤姆孙设想，原子是由总体上均匀分布着正电的一个正电体与在它们内部浮动的大量带负电的微粒组成（图48）。带负电微粒（汤姆孙称其为电子）的电荷总数和正电体所带的电荷数相等，因此，原子在总体上不显电性。不过，按照他的假设，原子对电子的束缚力度并不很强，因此，可能会有一个或者几个电子分离出去，只剩下一个带正电的部分，可称为正离子。同样，有的原子会从外部俘获一个或者几个电子，因此有了多余的负电荷，可称为负离子。原子得到或失去电子的过程叫作电离。根据法拉第经典著作中的论述，原子所带的电荷数一定是静电单位电量 5.77×10^{-10} 的整倍数。汤姆孙的论点是建立在法拉第的理论之上的，与此同时又更进一步。他发明了从原子中取得电子的方法，并对高速运行的自由电子束进行了研究，从而确立了电子是一个个微小粒子的观点。

汤姆孙对自由电子束所进行的研究取得的一个特别重要的成就，就是测出了电子的质量。他用一个强电场从某种物体（如发热的电炉丝）中扯出一束电子，让这束电子从一个充电电容器的两块极板间通过（图49），由于电子带负电，更准确的是，电子本身就是负电体，电子束就会被正极板吸引，被负极板排斥，从而电子束就会偏离原来的直线路径。

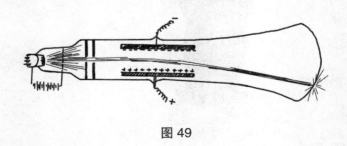

图49

在电容器后面放置一个荧光屏，电子束打在上面，可以明显地看出有偏离。知道了电子的电量、偏离的距离和电场的强度，就可以计算出电子的质量了。汤姆孙求出了这个数值。它的确非常小，只有氢原子质量的 1/1840。这就证明了，原子的主要质量是集中在带正电的部分的。

汤姆孙关于在原子内部存在运动着的负电子群的这个观点是非常正确的，但又认为原子是大部分上均匀分布着正电的物体，这就与事实大相径庭了。1911 年，卢瑟福证明，原子的正电荷与大部分质量都集中在一个位于原子中心的极小的原子核内。这个结论源自他的著名实验——α 粒子在穿过物体时发生散射。α 粒子是某些不稳定元素（铀、镭之类）的原子自行衰变释放出的微小的高能粒子，经验证，它的质量与原子的质量相差无几，又带有正电，因此一定是原来原子中带正电部分的碎片。当 α 粒子穿过某种靶物质的原子时，会受到来自原子中电子的吸引力与正电部分的排斥力的作用。由于电子很轻，它们对射入的 α 粒子的影响就如用蚊子来阻挡一头受了惊吓的大象一样微乎其微。另一方面，射入的带正电的 α 粒子受到极度靠近它的原子中质量很大的正电体的斥力，导致粒子偏离正常路径方向，向各个方向散射。

但是，在研究一束 α 粒子穿过铝薄膜的散射时，卢瑟福得到了一个令人吃惊的结论：只有在假设入射的 α 粒子与原子的正电部分的距离小于原子直径的千分之一时，观察到的现象才能得以解释。而这又只有在入射 α 粒子和原子的正电部分都比原子本身小千倍时才能行得通。所以，卢瑟福的发现把汤姆孙的原子模型推翻了，将汤姆孙模型中的一大块正电体换成了一小团处于原子正当中的原子核，而那群电子则在外部。如此一来，原子就像西瓜、电子就像瓜子这种看法，就被原子如同缩小版的太阳系——其中原子核如同太阳，电子如同行星——的看法所取代了（图 50）。

原子与太阳系的相似性还被下面的一些事实进一步加强了。原子核的质量占整个原子质量的 99.97%，太阳的质量占整个太阳系质量的 99.87%。电子之间的距离与电子直径的比值也与行星之间的距离与行星直径的比值相近（比值约为数千倍）。

　　然而，最重要的相似之处在于，不管是原子核与电子之间的电吸引力，还是太阳与行星之间的万有引力，都遵从平方反比规律[1]。在此类型的力的作用下，电子围绕原子核形成的圆形或者椭圆形的轨道，就如同太阳系中各个行星和彗星所形成的一样。

图 50　图中左下角的签名是：卢瑟福，1911 年

　　根据上面这些有关原子内部结构的观点，各种化学元素原子所表现的异同，应归结为绕原子核运动电子数目的不同。由于原子整体上看是呈中性的，绕核电子数一定是由原子核本身所带的正电荷数为基数决定的。这个基数是多少，可以根据散射实验中 α 粒子在原子核的电作用力影响下

---

[1] 也就是说，这个力的大小与物体之间的距离的平方成反比。

偏转的路径来进行直接计算。卢瑟福发现，在化学元素按原子逐渐递增的排列的序列中，每种元素的原子都比前一种元素增加一个电子。比如，氢原子只有一个电子，氦原子有 2 个电子，锂原子有 3 个电子，铍原子有 4 个电子，等等，最重的天然元素铀有 92 个电子[①]。

这些表明原子特点的数字一般被称为相关元素的原子序数，与按化学性质分类的表中它所代表的化学元素所在位置的数字是相同的。因此，任何元素所有的物理和化学性质，都可以简单地用绕核电子数来表明。

19 世纪末，俄国化学家门捷列夫发现，在元素的天然序列中，元素的化学性质每隔一定数目的化学元素就会重复一次，也就是说，原子的化学性质呈现出了明显的周期性。这种周期性如图 51 所示。所有已知的元素都排列在环绕着圆柱的螺旋形条带上了，每一列的元素性质都很相近。我们看到，第一组只有两个元素：氢和氦；下面的两组中，每组有 8 个元素。再往后，每隔 18 个元素，化学性质就会重复一次。如果我们没忘了，沿着这个序列每前进一步，原子就会相应地增加一个电子，那么，我们就一定可以得出结论：化学性质的周期性变化一定是某种稳定的电子结构或者"电子壳层"，重复出现的结果。第一个壳层最多有两个电子，第二、三壳层最多各有 8 个电子，再往后则最多各有 18 个电子。从图 51 中我们还可以看出，在第六、七两组中，严格的周期性被两族元素（所谓的镧系和锕系）扰乱了一下，导致要从正常的版面上接出两块来。这是由于这些元素的电子壳层结构在内部发生了某种变化，因此把元素的化学性质扰乱了。

---

① 我们现在就掌握了用人工方法制造复杂原子的"炼金术"（下章内容），如制造原子弹所用的钚元素（Pu）就是人造元素，就有 94 个电子。

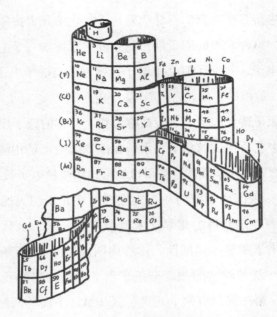

a 正视图

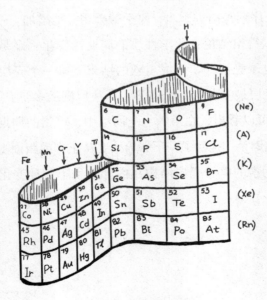

b 背面图

图 51

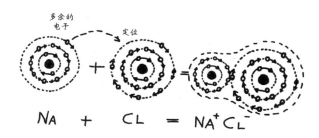

图52 钠原子与氯原子结合成氯化钠分子的示意图

现在，有了原子的结构图，我们来试着回答一下，组成数之不尽的化合物复杂分子的这些不同元素的原子，它们之间结合力的情况是怎样的？比如说，为什么钠原子核氯原子可以结合在一起形成氯化钠分子？图52所化的是这两个原子的电子壳层架构。氯原子的第三个电子壳层还需一个就可以饱和，而钠原子的第二个壳层在达到饱和之后还多出了一个电子。这样，这个多余的电子就一定会跑去氯原子那边，从而达到把氯原子那个未被填满的电子壳层填满的倾向。由于这种电子转移，钠原子（失去一个电子）带正电，氯原子带负电。在这两个带电的原子（现在应叫离子）之间的静电引力的作用下，它们结合在了一起，变成了氯化钠分子，即我们通常说是食盐分子。同理，氧原子的外壳层缺少两个电子，因此会对两个氢原子进行掠夺，得到它们各自仅有的一个电子，凑成一个水分子（H_2O）。但是，氧、氯之间和氢、钠之间就没有结合的倾向，因为前两者都是只想夺取不想释放，而后两者都是只想给出不想夺取。

凡是属于电子壳层已经饱和的原子，如氦、氖、氩、氙，都很满足。它们既不会送出电子，也不会夺取电子，乐于保持光荣的独立。因此，这些元素（所谓稀有气体元素）在化学性质上呈现惰性。

在结束原子以及其电子壳层的本章节时，我们还要再讨论一下被称为"金属"的那一组物质中电子所起到的重要作用。与其他物质不同，金属物质的原子对外层电子的束缚很小，往往同意它们自由活动。因此，金属体内充满了大量喜欢流浪的电子，就像一群无家可归的人。当我们在一根金属丝的两端加上电压时，这些流浪的电子就会顺着电压作用力的方向奔跑，形成了我们所称的"电流"。

自由电子的存在也是决定物质是否具有良好的热传导性的因素，不过，我们还是以后再来讨论吧。

六、微观力学和测不准原理

上一节我们看到，因为原子电子绕核旋转的系统与太阳系非常相像，所以，人们自然会去联想，已经建立起来的符合行星绕太阳运动的天文学定律，是否同样也符合原子内部的运动规律。特别是由于静电吸引力与重力定律很相像，这两种吸引力都与距离的平方成反比，更让人觉得原子内的电子会以原子核为一个焦点做椭圆形轨道运动（图53a）。

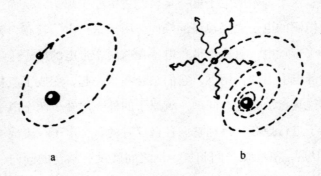

a   b

图 53

然而，我们以行星系统的情况为模型，来给原子内部的运动情况建立稳定模型的所有尝试，到不久之前，都引发了意想不到的巨大的灾难，以致有一段时期，竟然使得人们认为，要不就是物理学家的脑子出了问题，要不就是物理学本身出了毛病。灾难的根源在于，原子内的电子与太阳系中的行星不同，它们是带电的。因此，在绕核运动时，它们会像任何一种振动或转动带电体那样产生强烈的电磁辐射。由于它们的能量会随着辐射减小，所以，按照物理学的逻辑，原子中的电子必然会沿着螺旋轨道接近原子核（图53b），并在旋转的动能消耗光之后落在原子核上。根据已知的电子电量和电子的旋转频率，就可以轻易求出，电子失去全部能量坠落在原子核上的整个过程所需的时间不超过百分之一微秒。

因此，直到不久之前，物理学家们还坚定地用他们最先进的知识来告诉大家，行星式的原子结构存于不会超过一秒钟的极其微小的一点时间内，命中注定它在刚刚形成之后就会土崩瓦解。

可是，尽管物理学理论有这样悲惨的预示，但实验却表明，原子的系统非常稳定，电子总是活泼地围绕着原子核在转动，既不失去能量，更不打算消失。

这究竟是什么原因呢？为什么曾经很正确的力学定律，一旦用在电子身上，就与观测到的事实互相冲突呢？

为了解答这个问题，我们还是要回到科学的最基本问题上，即科学的本质上。到底什么是"科学"？我们说的"科学地解释"自然现象该如何理解呢？

来看一个简单的例子，我们都还记得，古代很多人都相信大地是平的。对于这种想法你很难驳斥，因为当来到一片平坦的平原上或者乘船渡河时，你会亲眼所见这是真实的。除了可能会有几座大山突起，地表看起来确实是平的。如果古人说"地面从一个观察点进行观察时，怎么观察都是平的"，那么，这句话并没有什么错误。但是，如果把这句话推广到实际观测的界限之外时，那就出错了。一旦观测活动超过了惯用的界限，比如在研究过月食时地球落在月亮上的影子，或者麦哲伦进行了著名的环球航行之后，就立马可以证明这种推广的结论是错误的。我们现在说地球看起来是平坦的，是因为我们只能看到地球整个球体的一小部分。同样的，宇宙空间可能是弯曲的而且有限的，但是在我们有限的观察范围之内，宇宙看起来是平坦而又无限的。

可是，这些议论与原子中电子运动与力学的矛盾存在什么关系吗？确实有。在进行这项研究的时候，我们已经提前默认，原子内的力学、天体运动学、我们所熟悉的日常生活中的"不大不小"的物体的运动力学都遵从同样的规律，因而可以用相同的术语来表达它们。但事实上，我们熟知的力学概念和定律，是凭借经验，建立在对与人体大小相当的物体研究的结果上的。之后，这些定律又被用来解释更大的物体（如行星和恒星）的运动，结果可以极为准确地论证出几百万年以前和几百万年以后的种种天文学现象，因此成功地成为天体力学。看来，这种推广确实是正确的。不过，谁又可以保证，这种用来解释巨大天体和普通物体（炮弹、钟摆、玩具脱落等）运动的定律，同样可以适用在比任何最小的机械装置都小数亿倍、轻数亿倍的电子的运动呢？

当然，毫无理由预测一般的力学定律在解释原子的微小组成部分的运动时会注定失败，但转念一想，如果当真如此，也不要觉得不可思议。

原本是天文学家们用来解释太阳系中行星运动的理论，现在却用来解释电子的运动，难免会出现不如人意的地方。在此情况下，应该先考量在把经典力学应用于这样的微小粒子时，基本概念和定律是否需要改变。

经典力学中的基本概念有质点运动的轨迹，质点沿着轨迹运动的速度。过去人们认为，任何运动的物质微粒在任何时刻都处于空间中一个确定的位置上，把这个微粒的各个相继位置连成一条连续的线，称为运动轨迹。这个说法一直是被默认的，并且当作基本概念来描述一切物体的运动。用给定物体在不同时刻所在不同位置之间的距离，与相应的时间间隔相除，就可以求出我们定义的速度。以位置与速度的概念为出发点，整个经典力学就建立了起来。直到不久之前，还没有任何科学家会认为这些描述运动的基本概念有何不妥，哲学家们一直都奉其为真理。

然而，在用经典力学定律来描述微小的原子系统时，情况就大不相同了。人们意识到这里出现了根本性的错误，而且越来越倾向于认为，最根本的错误在于，是以整个经典力学为基础的。运动物体的连续轨迹和任意时刻的准确速度这两个运动学中的概念，在描述原子内的微粒时显得太过粗糙了。简单来说，想要把我们熟悉的经典力学概念推广到极其微小的物质世界中时，需要大幅度地对它们进行改造。不过，如果经典力学的旧有概念不适用于原子世界，那么，它们一定不能准确地反映更大物体的运动状况。因此我们可以认为：经典力学的原理应该看作是"真实状况"的近似演绎。当这种近似演绎用于比先前范围更为精细的系统时，就会完全失效。

对原子系统尺度中力学运动的研究，以及量子力学的建立，为科学打入了新的根基。量子力学的建立源于一个新的发现，即两个不同物体间存在着一个各种可能发生的相应作用的下限。这个发现推翻了运动物体的轨迹的经典定义。实际上，我们如果说运动着的物体存在符合数学形式的轨迹，也就等于说存在着凭借某种物理仪器记录下物体运动轨迹的可能性。但是要记住，想要记录任何物体运动的轨迹，都无法避免会干扰它原来的运动。这是因为，如果运动物体对记录它空间连续位置的仪器发生了作用，那么，根据牛顿作用力与反作用力大小相等的定律，这套设备同样也对物体的运动起到了作用。要是我们能让两个物体（这里指运动物体与纪录仪器）之间的相互作用力按要求随意减小（经典物理学中认为是可以实现的），就可以做出理想的仪器来，使它既可以对物体的连续运动非常敏感，又不会对物体的运动产生实质的影响。

但是，由于物理相互作用下限的存在，我们就再也无法将记录仪对物体运动的影响力任意减小了，这根本性地改变了形势。因此，观察物体运动这一行为对运动所造成的影响，就成了运动本身的一个重要组成。这样，我们就再也无法用一条无限细的数学曲线来表示运动轨迹了，而不得不以一定厚度的松散条子作为替代。以新力学的观点来看，经典物理学中的像细线一样的轨迹应该变成一条模糊的宽带。

物理中这个相互作用的下线——更常用的术语是作用量子——数值很小，仅在研究很微小的物体时才显得重要。因此，尽管一颗子弹的轨迹确实不是一条数学中的清晰的曲线，但是这条轨迹的粗细程度却比子弹体上任何一个原子的直径要小上很多倍，实际上，可以把它的厚度认为是零。但是，对于比子弹小得多的物体，它们的运动就很容易受到观测仪器的影响，因而轨迹的粗细程度会越发的重要。对于绕核旋转的电子而言，轨迹的粗细程度与原子直径的大小相差不大，因此，电子运动的轨迹就再不可以用图53中那样的曲线来描述了，而要用图54的方式来表达。此时，对微粒的运动再不能用我们熟悉的经典力学中的术语了，因为无论是它的位置还是速度，都具有一定程度的测不准性（海森堡的测不准原理和玻尔的并协原理）。

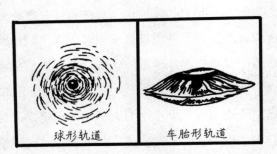

图 54　原子内电子运动的微观力学图景

物理学的这项震惊世人的新发现，把我们过去所熟知的概念，如粒子运动的轨迹、精确的位置和准确的速度，都扔进了垃圾桶里，我们的日子可真是难过了！过去已经被认可的基本法则不能再用来研究电子的运动了，那么，我们现在该如何着手？究竟用什么样的数学公式来取代经典力学中的数学公式，才可以兼顾量子物理学所描述的位置、速度、能量等物理量的测不准性呢？

通过研究一个类似经典光学理论的题目可以找到这个答案。我们知道，大部分日常生活中观察到的光学现象，都可以用光沿直线传播的说法来解释。因此，我们把光称为光线。不透明物体的投影形状，平面镜和曲面镜呈的像，透镜与其他复杂光学系统的聚焦，都可以根据光线的反射和折射的基本原理得到合理的解释（图55a、b、c）。

　　但同时我们也知道，这种用光线来表示光的传播的几何光学法，在光学系统中光路的几何宽度与光的波长相比较时就大为不灵了。这时会发生叫作衍射的现象。对此，几何光学毫无办法。一束光在通过一个很小的孔洞（尺寸在0.0001厘米左右）后，就不再沿着直线行进了，而会呈扇状散开（图55d）。现在取一面镜子，在镜子面上划出许多平行的细线，这被称为"衍射光栅"，如果有一束光射在上面，那么，光就不会再遵循我们熟悉的反射定律，而是会跑向不同的方向。具体方向与光栅的线条间距和入射光的波长有关（图55e）。再有，当光从分散在水面上的油膜界面反射回来时，会产生一系列特殊的明暗相间的条纹（图55f）。

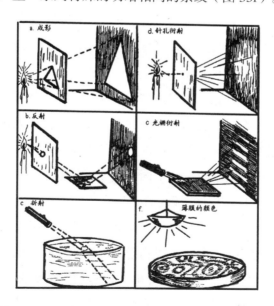

图55　左边三个图是可以用光线来解释的现象，
右边三个图是无法用光线解释的现象

在这几种情况里，"光线"这个熟悉的概念根本不可以解释观察到的现象，因为，我们必须以光在整个光学系统所在的空间中连续分布的概念来替代它。

可以轻易看出，用光线概念解释衍射现象时所遭遇的失败，和轨迹概念在量子物理学中所遭遇的失败，二者非常相似。正如光学中不存在无限细的光束一样，量子力学原理中也不允许存在无限细的运动轨迹。在这两种情况下，一切想要使用确定的数学曲线来描述物体（光或微粒）运动的尝试都必须被摒弃，而要用连续分布在一定空间中的"某种东西"的表示方法取而代之。对于光学来说，"某种东西"就是光在各点的振动强度。对于力学而言，"某种东西"就是新引入的位置测不准原则，换句话说就是，运动微粒在任何给定的时刻都可能处在几种可能位置当中的任何一个处，而不是处在事先可确定的唯一的点上。我们再无法准确说出微粒在某一个处于哪个位置，只能根据"测不准原理"的公式，计算出它的运动范围。波动光学（研究光的衍射）的定律和波动力学（又称微观力学，由德布罗意和薛定愕所发展，是用来研究微小粒子运动的）定律的相似性，可由一个实验明显地展示出来。

图 56 所画的是斯特恩研究原子衍射的装置。一束用本章之前提到的方法生产的钠原子束被一块晶体的表面反射。晶格中排列规则的原子层在这里起到了光栅的作用，它使入射的钠原子束发生衍射。入射的微粒经过晶体表面的反射后，被一组按照不同角度放置的瓶子分别收集起来进行统计。图 56 中的点划线表示的是实验结果，我们可以看到，钠原子并不是沿着一个方向反射（不像用玩具枪向金属板射出弹珠的情况那样），而是在一定角度内形成了一个类似 X 光衍射图那样的分布情况。

这类实验用描述单个原子沿着确定轨道运动的经典力学概念无法解释，而要用新的微观力学——把微粒的运动看作是现代光学中光波的传播相同的学科——来解释，这是可以完全理解的。

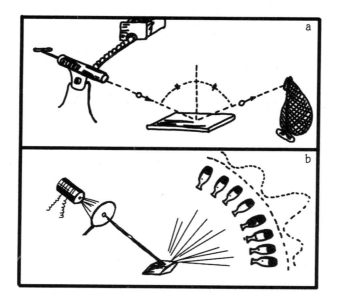

图 56
a. 可用抛体说法解释的现象（滚珠在金属平板上的反弹）
b. 不能用抛体说法解释的现象（钠原子在晶体表面的反射）

第七章　现代炼金术

一、基本粒子

现在我们知道了，所有化学元素的原子都具有非常复杂的力学系统，原子是由一个中心原子核以及许多绕核旋转的电子组成的。那么，我们当然想要追问：这些原子核是物质结构的最基本单位吗？还是说可以继续分割成更小更简单的结构呢？可不可以把这 92 种不同的原子化简为几种真正的基本微粒呢？

最早在 20 世纪的中叶，英国化学家波路特出于想要化简的愿望，提出了假设：不同元素的原子本质上是相同的，它们都是以不同程度"集中"起来的氢原子。他的理论依据是：用化学方法所确定的各元素的原子量，几乎全是氢元素原子量的整倍数。因此他认为，既然氧原子比氢原子重 16 倍，那么它一定是由 16 个氢原子聚集在一起形成的，原子量为 127 的碘原子一定是 127 个氢原子的组合，等等。

不过那时，化学中的发现并不能支撑起这个大胆的假设。对原子精确的测量表明，大多数元素的原子量只是接近整数，而有一些就不接近（如氯的原子量为 35.5）。这些看着显然与波路特的假设相矛盾的事实把它推翻了。因此，直到波路特去世，他都不知道自己是多么的正确。

直到 1919 年，这个假设才凭借英国物理学家阿斯顿的发现重获光明。阿斯顿指出，普通的氯是由两种氯元素混合在一起的，它们的化学性质完全相同，不过原子量不同，一种为 35，另一种为 37。化学家们所测定的 35.5 并非整数原子量，是它们混合后的平均值①。

通过对各种化学元素的进一步研究，另一个让人吃惊的事实被发现了：大部分元素都是由化学物质完全相同，但是重量不同的若干成分组成的混合物。于是，人们给它命名为"同位素"，意思是说在化学元素周期表中占着同一位置的元素。事实表明，各种同位素的质量总是氢原子质量的整倍数，这就再生了波路特那条被人们遗忘了的假设。我们在之前了解过，原子的质量主要是集中在原子核上的，因此，波路特的假设用现在的语言可以说：不同种类的原子核是由不同数量的氢原子组成的。氢原子核也因为它在构成物质的结构中起到的重要作用而获得一个专属名词——"质子"。

不过，对上面的描述还要做一处重要的改动。以氧原子为例，它排在元素序列的第八位，它的原子有 8 个电子，原子核也带有 8 个正电荷。但是，氧原子的质量是氢原子的 16 倍。因此，如果我们假设氧原子的原子核是由 8 个质子组成的，那么，它所带的电荷数是对的，但是质量却对不上（都是 8）；如果假设它有 16 个质子，那么质量是对了，但是电荷数却对不上（都是 16）。

显然，要解释这个问题，只有假设在这些复杂的原子核的质子中，有一些会丧失原来正电荷的本性，变成中性的粒子。

对于这种现在被我们称为"中子"的不带电荷的质子，早在 1920 年卢瑟福就提到过它的存在，不过直到 12 年后才被实验证实。这里要注意，不要把质子和中子看为两种迥然不同的粒子，而要把它们看作是处于两种不同带电状态的同一种粒子——"核子"。实际上，我们已经知道，质子可以通过失去正电荷转化为中子，中子也可以通过获得正电荷转化为质子。

_____

① 成分中，较重的氯元素占 25%，较轻的占 75%。0.25×37 + 0.75×35 = 35.5。化学家们早期发现的正是这个值。

把中子的概念引进原子核中，刚才所说的困难就可以迎刃而解了。为了解释氧原子的原子核重 16 个单位，却只拥有 8 个电荷单位这个现象，可以设想它由 8 个质子和 8 个中子组成。重量为 127 原子单位的碘，它的原子序数是 53，所以应该有 53 个质子，74 个中子。重元素铀（原子量是 238，原子序数是 92）的原子核中有 82 个质子，146 个中子[1]。

如此一来，波路特伟大而且大胆的猜想在经历了一个世纪后被证实了。现在，我们可以认为，数之不尽的不同物质都不过是两种基本物质的不同结合体而已。这两种物质是：（1）核子，它是物质的基本粒子，既可以带一个正电荷，也可以不带电；（2）电子，带负电的自由粒子（图 57）。

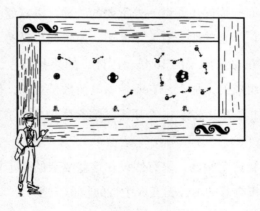

图 57

下面有几方引自《万物制备大全》的配方。从中我们可以看到，在宇宙这个大号的厨房中，每一道菜是如何利用核子和电子烹饪出来的。

水以 8 个中性的核子与 8 个带电的核子聚合起来作为核心，外面再加

---

①观察元素周期表就会发现，排在前面的一些元素，它们的原子量是原子序数的两倍，也就是说，它们的原子核中，质子与中子的数量是相等的。但是在重元素里，原子量增长得要多一些，也就是说，它们的原子核中，中子数比质子数要多。

上 8 个电子，这就是氢原子了。用这种方法制备一大堆氧原子。用一个带电的核子与一个电子搭配，这就组成了氢原子。按照氧原子数目的两倍来制备氢原子。以 2∶1 的比例把氢原子和氧原子组合成水分子，把它们倒入杯子，保持冷却的状态，这就是水了。

食盐以 12 个中性的核子和 11 个带电的核子作为核心，再加 11 个电子，这就制成了钠原子。以 18 个或 20 个中性的核子和 17 个带电的核子为核心，再加 17 个电子，这就制成了氯原子的两种同位素。以这样的方法制备同等数量的钠、氯原子之后，按照国际象棋棋盘那样的分布在立体空间中展开。这就食盐的正规晶体了。

TNT 以 6 个中性的核子和 6 个带电的核子作为核心，再加 6 个电子，这就做出了碳原子。以 7 个中性的核子和 7 个带电的核子为核心，再加 7 个电子，这就做出了氮原子。再按照水的配方制备出氧原子和氢原子。令 6 个碳原子连成一个环，环外面再接入第七个。在碳环的 3 个原子上，每个都接上一个氮原子，而每个氮原子上再接一对氧原子。给那个碳环外的第七个碳原子接上 3 个氢原子；碳环上剩余的两个碳原子也都连上一个氢原子。把这样组成的分子按照一定规则排列起来，形成小的晶体颗粒。再把晶体颗粒压缩在一起。不过操作的时候一定要小心，因为这种结构很不稳定，具有极强的爆炸力。

我们尽管已经看到，中子、质子和带负电的电子是构成我们想要得到的一切物质的基本组成材料，但是这份基本组成材料显得并不完整。事实上，如果存在带负电的自由电子，为什么不可以存在带正电的自由电子，即正电子呢？

同样，如果身为物质基本成分的中子可以通过获得正电荷而转变为质子，那么它就不可以通过获得负电荷转变为负质子吗？

答案是：确实存在正电子，它除了带电符号与一般带负电的电子相反之外，其他各方面都与负电子相同。负质子也有可能是存在的，不过尚未有实验可以证实。

正电子和负质子的数量在我们这个世界之所以不如负电子和正质子的多，是由于这两类粒子是相互"对立"的。我们都知道，一正一负的两个电荷相遇会相互抵消。两类电子就是一正一负的两种电荷。因此，别认为它们可以在空间的同一处共处。实际上，如果正电子与负电子相遇，它们的电荷会立马相互抵消，两个电子也就不再是独立的粒子了。这个时候，两个电子会一起消亡——物理学中称为"湮灭"——并在两电子相遇的地方产生强烈的电磁辐射（γ射线），辐射的能量与原电子的能量相等。按照物理学的基本定律，能量既不能凭空创造，又不会凭空消失，这里我们遇到的情况，只不过是自由电荷由静电能转变成了辐射波的电动能。这种正负电子相遇的现象被波恩描述为"疯狂的婚姻"[1]，而更为忧郁的布朗则称之为"相互殉情[2]"。图58a所示的就是这种相遇现象。

两个电性相反的电子"湮灭"的过程有逆过程，即"电子对的产生"，也就是一个正电子和一个负电子由强烈的γ射线产生。我们之所以说"由"，是因为这一电子对是通过消耗γ射线的能量而产生的。实际上，为形成一电子对所消耗的辐射能量，刚好等于一个电子对在湮灭时释放的能量。电子对的产生是在入射辐射从原子核近旁经过时发生的[3]。图58b描述了这一过程。我们都知道，橡胶硬棒和毛皮摩擦时，两种物体会带相反的电性，这也是一个可以说明两种相反的电荷能在没有电荷的地方产生的例子。不过，也不必感到吃惊，如果我们有足够多的能量，就可以随意地制造出电子了。不过要知道，由于湮灭的发生，它们会很快消失，同时把耗费掉的能量全都转化回来。

---

① 参阅 M. Born, Atomic physics（G. E. Stechers & Co., New York, 1935）。
② 参阅 T. B. Brown, Modern Physics（John Wiley & Sons, New York, 1940）。
③ 似乎原子核周围的电场助力了电子对的产生，但是从原理上来说，虚无的空间中也可以产生电子对。

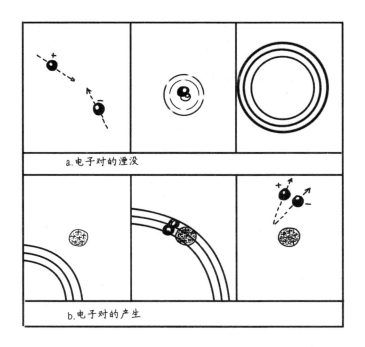

a.电子对的湮没

b.电子对的产生

图 58　上为两个电子"湮灭"产生电磁波的过程，
下为电磁波经过原子核附近时"产生"一对电子的
过程

　　有一个关于电子对产生的有趣例子，叫"宇宙线簇射"，它是由从宇宙空间射入大气层的高能粒子所引发的。这种在无垠的宇宙中东跑西窜的粒子流究竟是从哪里来的，至今仍然是一个科学未解之谜[①]。不过我们已经明白了电子以相当快的速度轰击大气层时会发生什么。这种高速运动的原初电子在从大气层原子的原子核附近通过时，自带的能量会逐渐减小，变成 γ 射线放出（图 59）。这种辐射可以产生大量的电子对。新产生的正、负电子也会和原初电子一起前进。这些次级电子的能量也相当可观，

---

① 这种高能粒子的速度可以达到光速的 99.99 999 999 999 99%。只能大概地猜测（不过可能性极大），它是通过宇宙中星云内极高的电势产生了加速。你可以把星云积累电荷的过程想象为地球大气层中雷电云积累电荷的过程，只不过星云的电势差极其大。

并且也会辐射出 γ 射线，进而产生更多数量的新电子对。这个倍增的过程会在大气层中重复地发生，所以，当原初电子最后到达海平面的时候，是有一群正负各半的电子相伴着的。不用说，这种高速电子在穿过其他较大的物体时也会发生簇射，不过，随着物体密度的增高，相应地产生分支过程会变得更快（见最后的版图 Ⅱ a）。

现在让我们来讨论下负质子是否存在的问题吧。可以想象，这种粒子是由中子获得一个负电荷或者失去一个正电荷（两者意思相同）变成的。不难理解，这种负质子也像正电子一样，难以在我们这个世界里长久存在。实际上，它们会瞬时被附近的带正电的原子核吸引并吸收，可能会转变为中子。因此，即使这种负离子的确是作为一种基本粒子的对称粒子存在着，它也是难以被发现的。要知道，正电子是在普通负电子的概念进入科学界后又过了近半个世纪才被发现的，如果真的有负质子存在，我们就可以设想"反原子"和"反分子"是存在的。它们的原子核由中子（与一般物质中的相同）和负质子组成，外面围绕着正电子。这些反原子的性质与普通原子的性质完全一样。所以你完全看不出水与"反水"、奶油与"反奶油"之间有什么区别，除非把这两种物质放在一起。如果两种相反的物质相遇，它们的相反电子就会瞬间发生湮灭，两种相反的物质也会瞬间中和，产生比原子弹爆发还猛烈的爆炸。因此，假如真的存在由反物质构成的星系，那么，无论是从我们这个星系扔出一块普通的石子，或者从对面丢来一块石子，着陆的时候都能产生超越原子弹的力量。

有关反原子的想象，先就到这里了，现在我们来思考另外一类基本粒子吧。这种粒子也是非同寻常的，但是在各种可以进行观察的物理过程中都能看到它的影子。它被称为"中微子"，它是不按常理进入物理学视野的。尽管在各个方面都有人厉声反对它，它却在基本粒子家族中占了稳定的一个席位。它是如何被发现的，以及是怎样被了解的，这是现代科学中极为让人兴奋的故事之一。

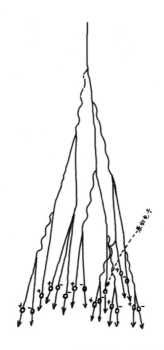

图 59　宇宙射线簇射的产生

　　中微子是数学家们用"反证法"发现其存在的。这个让人兴奋的发现并不是由于人们发现多了什么东西，而是由于人们发现少了什么东西。那么到底少了什么呢？答案是：一些能量。按照物理学最原始而且最可靠的定律，能量既不能凭空创造，也不能凭空消失。那么，如果本来应该存在的能量不见了，这就表明，一定有个小偷或者一个小偷团伙把能量拐跑了。于是，一群喜欢秩序而且爱起外号的科学家们，就把这些偷能量的贼们叫作"中微子"，尽管连它们的影子还没看到呢。

　　这个故事讲得有点儿快了，现在，让我们回到这起能量偷窃案来吧。我们都知道了，每个原子的原子核大约有一半的核子是带正电的（质子），其余的呈现中性（中子）。如果给原子核增加一个或多个中子与

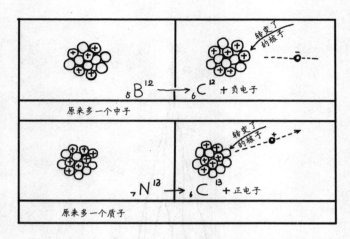

图 60　负 β 衰变和正 β 衰变的示意图

质子，从而打乱了质子与中子之间数量的相对平衡，就会引发电荷的调整。如果中子太多，其中就会有一些释放出负电子而变成质子；如果质子太多，其中就会有一些射出正电子而变成中子。这两个过程在图 60 中可以看到。这种原子核内的电荷调整叫作 β 衰变，放出的电子被叫作 β 粒子。由于核子的转变过程是确定的，一定会释放出定量的能量，并且通过电子带出来。因此，我们可以预想到，从同一物质射出的 β 粒子，都应该具有相同的速度。然而观测却表明，β 衰变的真实情况与这种预想完全矛盾。实际上，我们发现射出的电子拥有从零到某一上限的不同动能。既没有发现其他的粒子，也没有其他的辐射能量可以平衡整体的能量。如此一来，β 衰变中的"偷窃行为"就很严重了。曾经竟然有人一度认为，这是我们著名的能量守恒定律不再成立的第一个实验证据，这对精巧构筑的物理学大厦简直是一个毁灭性的灾难。不过，还存在一种可能：也许被偷窃的能量是被某种我们的观察还无法发现的新粒子带走的。泡利提出一种理论。他把这种偷窃能量的"巴格达窃贼"假设为不带电荷、质量不大于电子质量的微粒，称为中微子。实际上，根据已知的高速粒子与物质相互作用的事实，我们可以推定，这种不带电的较轻粒子以现有所有的物理仪器都无法察觉。它可以毫不费力地在任何物质中穿出很远的距离。对于可见光来说，只要一层极薄的金属膜就可以把它完全挡住。穿透力极强的 X 光和 γ 射线在穿过几英寸的厚重铅块后，穿透力也会明显降低，而一束中微子却可以轻而易举地穿透几光年厚的铅块！难怪用任何方法都无法观测到中微子呢，只有通过它们造成的"能量赤字"才可以发现它们的踪迹。

中微子一旦逃出了原子核，就再也捕捉不到了。不过，我们可以间接地观测到它们离开原子核时产生的效应。当你用步枪射击的时候，枪的后坐力会顶撞你的肩膀；大炮在发射重型炮弹的时候，炮身也会向后倾斜。力学中这种反冲的效应在原子核发射高速粒子时应该也会发生。实际上，我们的确发现，原子核在发生 β 衰变的时候，会在于电子运动方向相反的方向上获得一定的速度。不过现实表明，它有个特点：无论电子射出的速度有多快，原子的反冲速度总是相同的（图 61）。这就奇了怪了，因为我们本来认为，一个快速的抛射物所产生的反冲会比慢速抛射的物体更为强烈。这个问题的答案是，原子核在射出电子的时候，总是会顺带多送一个中微子，以保持应有的能量平衡。如果电子速度大、携带的能量多，中微子的速度就会慢一些、携带能量少一些，反过来也是一样。这样，原子核就会在两个微粒的共同作用下，保持较大的反冲。如果这个现象仍不能证明中微子的存在的话，恐怕再难找到别的可以证明它了。

现在，让我们把之前讲到的内容整理一下，总结出一个构成物质的基本粒子表，并标明它们之间的关系吧。

首先应该列出的是物质的基本粒子——核子。目前所知道的核子不是中性的，就是带正电的；不过也可能存在带负电的核子。

其次是电子。它们是自由的电荷，或者带正电，或者带负电。

再次是诡秘的中微子。它们不带电荷，可能比电子要轻上很多。

最后是电磁波。它们在空间中传播电磁力。

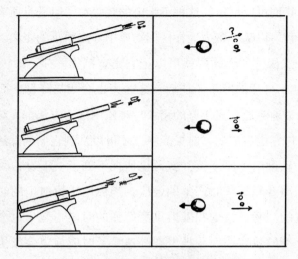

图 61　大炮与核物理的反冲问题

　　物理世界中这些基本成分是互相依存的，并且会以各种方式纠缠在一起。中子可以变成质子并且发射出负电子与中微子（中子——→质子＋负电子＋中微子）；质子可以发射出正电子与中微子变回为中子（质子——→中子＋正电子＋中微子）。符号相反的两个电子可以转化为电磁辐射（正电子＋负电子——→辐射），也可反过来通过辐射产生（辐射——→正电子＋负电子）。最后，中微子可以与电子结合，形成不稳定的粒子，在宇宙射线中出现。这种微粒称作介子（中微子＋正电子——→正介子；中微子＋负电子——→负介子；中微子＋正电子＋负电子——→中性介子）。也有人把介子称为"重电子"，不过这种说法不太严谨。

　　结合在一起的中微子和电子带有大量的内能，所以，结合体的质量比这两种粒子各自的质量会大出百倍左右。

　　图62画的是组成宇宙中各种物质的基本粒子的概况图。

　　大家可能会问："这次真的到底了？""凭什么认定核子、电子和中微子真的是最基本的粒子，难道不能分成更小的微粒了吗？才不过是半个世

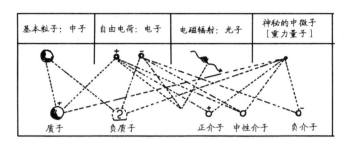

图 62　现代物理学中的基本粒子以及它们的不同组合

纪之前，人们不也认为原子是不可分的吗？但是今天原子的结构表现得多么复杂啊！"对于这个问题，我们只能这样回答：现在确实难以估计物质结构科学发展的未来会如何，不过我们有比较充分的理由可以认为，这些粒子的确就是物质不可再分的基本单位了。理由是：各种原来被认定不可分的原子表现出相互不同的、极为复杂的化学性质、光学性质以及其他性质，而现在物理学中的基本粒子的性质已经极为简单了，简单到可以和几何点的性质相类比了。而且，与经典物理学中为数不少的"不可分原子"相比，我们现在只存在三种不同的种类：核子、电子和中微子。而且，无论我们把物质还原为最简单形式的愿望有多么强烈，总不能把物质都变为一无所有吧！所以看起来，我们对物质组成的探索已经到根子处了①。

二、原子的心脏

既然我们对构成物质的基本粒子的本质与性质有了全面的了解，现在就可以对原子的心脏——原子核来仔细研究一下了。原子核的外层结构在

---

① 此处要说明一下，这种观点现在被证实是错误的，事实上，还存在比核子更小的单位，它们名叫"夸克"。实验显示，夸克分为 6 种，根据性质的不同，分别被命名为下夸克（d）、上夸克（u）、奇夸克（s）、粲夸克（c）、底夸克（b）以及顶夸克（t）。中子是由两个下夸克以及一个上夸克构成的（u, d, d），质子是由两个上夸克以及一个下夸克（u, u, d）构成的。所以大家要知道，核子已经不能被看作是最基本的粒子与物质了。无论怎样，要感谢一代代科学家们辛劳的付出，科学正是在这种不断的纠错中摸索着向前的。

某种程度上就好比一个微缩的行星系统，但是原子核自己却是另外一种状况了。首先很清楚的一点是：致使原子核保持本身为一个整体的力绝不会是静电力，因为原子核内有一半的粒子（中子）并不带电，而另一半（质子）带正电，质子之间会相互排斥。如果一群粒子中只存在斥力，那怎么会形成稳定的粒子集群呢！

因此，为了解释原子核的所有部分聚集在一起的原因，必须要设想它们之间同样存在着一种力，它是一种吸引力，既在不带电的粒子之间产生作用，又在带电的粒子之间产生作用，与粒子本身的种类无关。这种致使粒子聚集在一起的力通常被称为"内聚力"。这种力在其他的地方可以遇到，比如在普通的液体中就存在内聚力，这种力阻止分子们四散逃逸。

在原子核内部，各个核子之间就存在着这种内聚力。如此一来，原子本身不但不至于在质子之间静电斥力的作用下发生分裂，而且很多核子还可以像装在罐头里的沙丁鱼一样紧密地结合在一起，相对而言，位于原子核外各个原子壳层上的电子却拥有足够的活动空间。本书的作者最先提出这样一种构想：可以认为原子核内物质的结构组成与普通液体相似。原子核也如同普通液体一样有表面张力。大家一定还记得，表面张力这一重要的力是这样在液体中产生的：位于液体内部的粒子被相邻的粒子以相等力向各个方向拉扯，但是位于表面的粒子只会受到指向液体内部的拉力（图 63）。

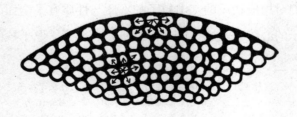

图 63　液体的表面张力的示意

　　这种张力使得不受外力作用的所有液体都产生保持球形的倾向，因为在所有体积相等的几何体重，球体的表面积最小。因此可以得出结论：不同元素的原子核可以简单地看作是同一类"核液体"组成的大小不一的液滴。不过要记住，虽然从性质上说，这种核液体与普通液体很相似，但从质量上说，两者大为不同，因为核液体的密度比水的密度大 24×10^{13} 倍，表面张力比水大 1×10^{18} 倍。为了易于理解，下面的例子可以说明。假如有一个用金属丝折成的倒 U 字形框架，大约两英寸见方，在下面横着搭一根直的丝，如图 64 一样。现在在框内充入一层肥皂膜，这层膜的表面张力会把横着的丝向上拉。在丝下面悬挂一个体积略小的重物，可以把这个表面张力平衡掉。如果这层膜是普通的肥皂水，它的厚度为 0.01 毫米时自重 1/4 克，能支持 3/4 克的重物。

　　假如我们可以制成一层核液体薄膜，并且把它展开在这个框架上，这层核液体薄膜的重量会达到 5000 万吨（相当于 1000 艘远洋轮船），横着的丝上可以悬挂 1 万亿吨的东西，这相当于火星的第二颗卫星"火卫二"的重量！想在核液体薄膜上吹出一个小气泡，要有多么强大的肺功能才办得到啊！

　　把原子核当作小液滴的时候，千万不要忘记它们是带电的这一点，因为有一半的核子是质子。因此，核子内存在着两种相反的力：一种是把核子们聚集在一起的表面张力，另一种是核子内各个带电部分之间想要把原子核分裂成很多部分的斥力。这就是原子核"不稳定"的主要原因。如果表面张力占了上风，原子核就不会自己分裂，而两个这样的原子核互相接触的时候，就会如同两滴普通的液体那样产生聚合在一起（聚变）的趋势。

　　反过来说，如果互相排斥的力占了上风，原子核就会产生自行分裂为两块或者更多块高速分离的碎片的趋势。这种分裂过程被称为"裂变"。

图 64

1939 年，玻尔和威勒对不同元素原子核的表面张力和静电斥力的平衡问题进行了精密的计算，他们得出了一个非常重要的结论：元素周期表中前面一半的元素（到银为止）表面张力占有优势，而重元素是斥力占有优势。因此，所有比银重的元素理论上都是不稳定的，当遭到来自外部的足够强大的轰击力时，就会分裂为至少两块，并且释放出极大的内部核能（图 65b）。相反的是，当总重量不超过银原子的两个轻原子核互相接近的时候，就存在自主发生核聚变的可能性（图 65a）。

不过不要忘了，两个轻原子核的聚变也好，一个重原子核的裂变也罢，除非我们施加影响，否则一般不会自行发生。实际上，要让轻原子核发生聚变反应，我们就要克服两个原子核之间的静电斥力，这样才能让它们相互靠近；而要让一个重原子核发生裂变反应，就一定要猛烈地轰击它，让它产生大幅度的振动。

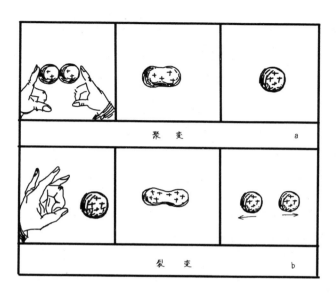

图 65

这种一定要经过起始的激发才能发生某一物理过程的状态，科学上称之为亚稳态。放置在悬崖顶端的岩石、一盒火柴、炸弹中的 TNT 火药，都是处于亚稳态物质的例子。在这几个例子里，都存在大量等待释放的能量。但是不去踢岩石，岩石不会从悬崖上滚下去；不去划或者加热火柴，火柴不会自己燃烧；不用雷管去引爆 TNT，炸药不会自己爆炸。在我们生活的世界中，除了银块 ① 之外都是潜在的核爆炸物质。然而，我们并没被炸得尸骨无存，就是因为核反应的发生是极为困难的，说得更准确一点，是因为需要极大的激发能量才可以使得原子核发生变化。

在核能领域中：我们所处的位置（更准确的是不久之前）很像这样一位因纽特人。他生活在零摄氏度以下的环境中，接触到的唯一的固体就是冰，接触到的唯一的液体就是酒精。如此，他就不会知道火是什么东西，因为用两块冰互相摩擦是无法生出火的。他也就只能把酒精当作可以使人

① 银很特殊，它的原子核既不聚变也不裂变。

143

快乐的饮料了，因为他没办法把酒精的温度升高到燃点。

如今，当人类通过自己的发明，察觉到原子内部蕴藏着的极大能量是可以被释放出来的时候，他们的惊讶程度与不知道什么是火的因纽特人第一次看到酒精时的心情相比，会是何其相似！

一旦克服了让核反应发生的困难，克服困难的付出就会得到很大的回报。例如，同等数量的氧原子和碳原子按照 O+C——→ CO+ 能量这个化学方程式结合时，每 1 克混合成功的氧和碳会释放出 920 卡[①]的热量。如果把这种化学结合（分子的聚合，图 66a）换作是原子核的聚合（图 66b），即 $_6C^{12}+_8O^{16}=_{14}Si^{28}+$能量。

这时，每克混合物释放出的能量会达到 14 亿卡之多，比前面释放的能量大 1500 万倍！

同样，一克复杂的 TNT 分子在分解成水分子、一氧化碳分子、二氧化碳分子和氮气（分子裂变）的过程中，会释放出大约 1000 卡的热量。但换作同等重量的物质，如汞，在发生核裂变时会释放出 10 亿卡热量。

但是，一定要记住，化学反应虽然在几百度的温度下就可以很容易进行，但是相应的核转变却在达到几百万度时还可能没有引发呢！正是因为引发核反应这种极端的难度，表明了现在的宇宙还不会在一次猛烈爆炸中变成一块巨型的纯银，大家尽管放心好了。

---

① 卡是热能的度量单位，定义 1 克水温度上升 1℃需要的能量就是 1 卡。

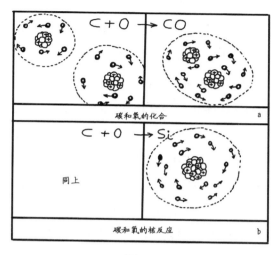

图 66

三、轰击原子

整数值的原子量是原子核构造复杂性的有力论据，不过这种复杂性只有通过把原子核破裂成两块或多块的实验，才可以得到证实。

第一次显示出存在可以使原子破裂的可能性，是 1896 年法国科学家贝克勒尔所发现的放射性。事实表明，位于元素周期表尾端的元素，如铀和钍，可以自行发出拥有很强穿透性的辐射（与普通的 X 射线类似）的原因，在于这些原子在进行很缓慢的自发衰变。人们对这个发现进行了细致的研究，很快得出结论：重原子在衰变中会自行分裂成两个大小不同的部分：（1）被称为 α 粒子的较小的块，它是氦的原子核；（2）原原子核的其余部分，它又会成为子元素的原子核。当铀原子核碎裂时，会放出 α 粒子，产生的子元素被称为铀 X_1，它的内部在经历过重新调整电荷的过程之后，会释放出两个自由的负电荷（普通电子），变为比原本的铀原子轻四个单位的铀的同位素。紧接着又是连续的 α 粒子的发射与电荷调整，直至变为稳定的铅原子，才不再进行衰变。

这种交替发射 α 粒子和电子的嬗变还会发生在另外两族放射性物质上，它们是以重元素钍为首的钍系和以锕为首的锕系。这两族元素都会进行一系列的衰变，最后变成铅的三种同位素。

在上一节我们讲过，元素周期表中后面一半元素的原子核是不太稳定的，因为它们的原子核中倾向于分离的静电力的大小，超过了把核束缚在一起的表面张力的大小。心细的读者把这一条与自发放射衰变的现象做一个对比，就会感到惊奇：既然比银重的所有元素都是不稳定的，那为什么只能在最重的几种元素（如铀、镭、钍）上才可以观察得到自行衰变呢？这是因为，虽然理论上所有比银重的元素都可以看作是放射性元素，并且它们的确也都在缓慢地衰变为轻元素，不过在大部分时候，自行衰变的过程非常缓慢，以至于根本难以发现。一些我们熟悉的元素，如碘、金、汞、铅等，它们的原子说不定一个世纪才会分裂一两个。这简直太慢了，即使最灵敏的物理仪器都难以进行记录。只有那些最重的元素，由于它们自行分裂的趋势比较强，才会产生可观测的放射性[1]。这种相对的嬗变率还会决定不稳定原子核的分裂方式。比如，铀的原子就可以按几种不同的方式裂开：分裂成两块相等的部分、分裂成三块相等的部分、分裂成许多大小不等的部分。不过，最容易发生的是分裂成一个 α 粒子和一个其余的子核。据测算，铀原子核自行分裂成两块相等部分的概率相当于放射出一个 α 粒子概率的数百万分之一。所以，在一克铀中，每秒都会有上万的原子核进行放射 α 粒子的分裂，而想要观察到一次分裂为两块相等部分的裂变，得等上好几分钟才行。

放射现象的发现，毫无疑问地证明了原子核结构的复杂性，也开创了人工产生（或激发）核嬗变的道路。这让我们想到，如果重元素特别是那些极不稳定的重元素可以自行衰变，那么，我们是否可以通过用强力的高

---

① 比如铀，1 克铀中每秒就有几千个原子进行了分裂。

速粒子轰击稳定的原子核，从而使得它们发生分裂呢？

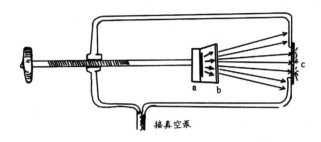

图 67　第一次分离原子的示意图

　　抱着这样的想法，卢瑟福决定让各种通常稳定的元素，被不稳定放射性元素在分裂时放出的核碎片（α 粒子）轰击。与现在某些物理实验室中用来轰击原子的大型仪器相比，他在 1929 年为这个实验所首次采用的仪器（图 67）真是简单了太多了。包括一个圆筒形的真空容器，一端有一扇窗口，上面涂着一层很薄的荧光物质用以充当屏幕（c）。α 粒子轰击源是沉积在金属片上的一层很薄的放射性物质（a），待轰击的靶子（这个实验采用的是铝）做成箔状，放在距离轰击源一定距离的地方（b）。铝箔靶安放在恰好可以让所有入射的 α 粒子都能镶嵌在上面的位置。因此，如果轰击没有导致靶子产生次级核碎片的话，荧光屏就不会发亮，把所有的装置都安装完毕后，卢瑟福就可以借助显微镜来观察屏幕了。他观察到的屏幕一定不会是完全黑暗的，整个屏幕上都会显示出无数闪烁着的跳动着的亮点。每个亮点都是质子撞击屏幕所产生的，而每个质子又都是入射的 α 粒子从靶子上的铝原子中轰击出的碎片。因此，理论上可以实现的元素的人工嬗变，就在科学中确实地实现了[①]。

　　在卢瑟福做过了这个经典实验后的几十年当中，元素的人工嬗变已经发展成了物理学中一个重大的分支。无论是产生用来轰击的高速粒子的方

———————

① 上面反应的化学方程式是：$13Al^{27}+2He^4 \longrightarrow 14Si^{30}+1H^1$。

法，还是对实验结果观察的方法，都取得了很大的进步。

在进行粒子撞击原子核的观察时，最好用的仪器是一种可以用眼睛直接观察的云室（被威尔逊发明，又称威尔逊云室）。图68是云室的简易图。它的工作原理是基于：高速运动的带电粒子，在穿过空气或者其他气体的时候，会让沿线的气体原子发生一定程度的形变。它们在粒子强电场的作用下，会失去一个或多个电子而变成离子。这种状态不会持续很久，高速运动的粒子一旦过去，离子又会很快地再次捕获电子恢复原状。但是，如果在这种发生了电离的气体中含有丰富的水蒸气，它们就会以离子为核心，形成微小的水珠——这就是水蒸气的性质，它可以附着在离子、灰尘等物质上——导致沿粒子运动的路径会出现一条很细的雾气。换言之，任何带电粒子在气体中的运动轨迹就变得可见了，就如同一架推着尾气的喷气式飞机。

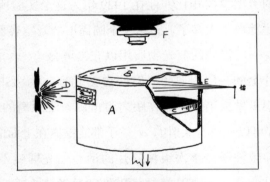

图68　威尔逊云室原理图

从制作工序上看，云室这个仪器比较简单，它主要包括一个金属圆筒（A），圆筒上盖有一块玻璃盖（B），圆筒内装着一个可以上下移动的活塞（C）（移动的部件图中没有画）。玻璃盖和活塞工作面之间充满了空气（或根据具体实验改变气体）和一定量的水蒸气。当一些粒子从窗口（E）进入云室的时候，让活塞猛然下降，活塞上部的气体就会冷却，水蒸气也就会变成很小的水珠，沿着粒子行动的轨迹凝聚出一缕雾气。由于受到从窗边（D）射入的强光的照射，以及活塞面黑色背景的衬托，雾迹变得清晰可见，这可以用活塞联动的照相机（F）自动拍摄到。这个简单的装置，可以让我们获得有关核轰击的完美照片，因此，它也成为现代物理学中极为有用的仪器之一。

当然，我们也希望可以设计出一种在强电场中把各种带电粒子（离子）加速成强大粒子束的方案。这样不但可以省略稀有昂贵的放射性物质，还可以增加其他类型的粒子（如质子），而且粒子的动能也会比普通的放射性衰变中所释放的粒子要大。在各种可以产生强大的高速粒子束的仪器里，最重要的有静电发生器、回旋加速器与直线加速器。图69、70、71分别简画出了它们的工作原理。

把用上面的几种加速器产生的各种强大的粒子束，用以去轰击各种物质做成的靶子，可以产生一系列的核嬗变，并且可以通过云室拍摄出来，这样很便于研究。后面的图版Ⅲ、Ⅳ就是拍摄的几张核嬗变的照片。

第一张这样的照片是剑桥大学的布莱克特拍摄的。他拍摄的是一束衰变产生的 α 粒子通过充氮气的云室的情况[①]。我们可以首先看到，所有的路径轨迹都有确定的长度，这是因为粒子在飞过气体的时候，会逐渐丧失动能，最后平静下来。粒子行进轨迹的长度有两种，这是因为有两种不同能量的 α 粒子（粒子源是钍的两种同位素 ThC 和 ThC′ 的混合物）。我们还可以看到，α 粒子的行进轨迹基本上呈笔直状，直到尾部，即粒子的初始能量将要消耗殆尽时，才会容易因氮原子的非正面碰撞产生明显的偏折。但是，在这张星状分布的 α 粒子图里，有一道运动轨迹显得极为特殊，它有一个特殊的分叉，分叉的一支又细又长，另一支又粗又短。这可以表明它是 α 粒子和氮原子面对面碰撞产生的结果。又细又长的运动轨迹是被撞击出去的质子，又短又细的运动轨迹则是被撞击出去的氮原子。

---

① 核反应的方程式：$7N^{14} + 2He^4 \longrightarrow 8O^{17} + 1H^1$。

由于我们看不到其他的运动轨迹，这就可以说明，肇事的 α 粒子开始和它附着的氮原子一起运动了。

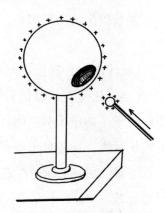

图 69　静电发生器的原理

从基础物理学我们知道，给一个导电金属球传输的电荷会被分布在外表面上。所以，我们可以在空心的金属球上打一个小孔，然后用带有少量电荷的较小的导体反复地插入筒内与球的内表面接触，这样就可以让它的电压达到任意的数值。在具体实验里，我们使用的是一根从小孔伸进球体内部的传送带，通过它把一个小感应起电器产生的电荷带入球内。

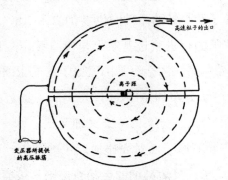

图 70　回旋加速器的原理

回旋加速器主要包括两个处于强磁场中的半圆形金属盒（磁场方向和

纸面垂直）。它们与变压器的两端分别相连，所以，它们会交替地带有正电和负电。从中央的离子流射出的离子在磁场中沿半圆形路径前进，并会在由一个盒体射入另一个盒体的中途受到加速。离子越运动越快，描绘出一条外扩的螺线，最后以极高的速度被射出。

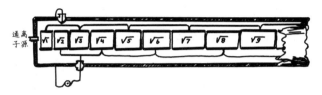

图 71　直线加速器原理

此装置包括一套长度逐渐增大的圆筒，它们会被变压器交替充入正电和负电。离子从一个圆筒进入另一个圆筒的过程中，会被这两个相邻的圆筒的电势差加速，所以它的能量会越来越大。由于速度与能量的平方根成正比，所以，如果把圆筒的长度按照整数的平方根的比例来设计，离子就可以保持与交变电场同向。当这套装置足够长的时候，就可以把离子加速到任意的速度。

从后面图版 Ⅲ b 上，我们可以看到人工加速的质子与硼原子核撞击的效果。高速的质子束从加速器的出口（照片中央的黑影）射入外面的硼薄片上，从而导致原子核的碎块朝着各个方向穿过空气射出。照片中还有个有趣的地方，碎块的运动轨迹是按照三个成为一组（照片中可以看到两组，还有一组用箭头标记出了），这是由于硼原子被质子轰击时，会分裂成 3 个相等的部分[1]。

另一张照片片段 Ⅲ a 拍摄到的是高速氘核（由一个质子和一个中子形成的重氢原子核）与靶子上的另一个氘核相碰撞的情况[2]。

---

[1] 核反应式为：$5B^{11} + 1H^1 \longrightarrow 2He^4 + 2He^4 + 2He^4$。

[2] 核反应式为：$1H^2 + 1H^2 \longrightarrow 1H^3 + 1H^1$。

照片里较长的运动轨迹是质子（1H^{1}核）的，较短的是重三倍的氢核（氚核）的。

与质子一样，中子也是构成各种原子核的主要成分。如果没有中子参与反应的云室照片，那是不完全的。

但是，别盼望着在云室中看到中子的运动轨迹了，因为中子是不带电的。所以，这在物理学中堪比"黑马"的粒子在行进过程中并不会造成电离。不过，当你看到猎人枪口冒出的轻烟时，又同时看到从天上掉下一只鸭子，就会知道有一颗子弹射了出去，尽管你肉眼捕捉不到。同样，在你观看图版 Ⅲ c 这张云室照片时，你观察到一个氮原子分裂成氦核（向下的那支）和硼核（向上的那支），就肯定会意识到氮核一定被某个看不到的粒子从左下方用力地撞了一下。真相就是这样的，我们在云室的左壁上放置了镭和铍的混合物，这是快中子源[①]。

只要把中子源和氮原子分裂之处这两个点连起来，就是可以描述中子运动路径的直线了。

版图 Ⅳ 是铀核裂变的照片，是由包基尔德、勃劳斯特劳姆和劳里森拍摄的。从一张铺着一层铀的铝箔上，沿着相反的方向射出两块裂变的产物。不过，这张照片中是无法显示出导致这次裂变发生的中子和裂变所产生的中子的。通过用加速粒子轰击原子核的方法，我们可以获得数之不尽的各种核嬗变，不过，现在我们应该把方向转向更为重要的问题上了，即考察下这种轰击的方法效率怎么样。要知道版图 Ⅲ 和 Ⅳ 所展示的只不过是单个原子分裂的情况。如果想要把 1 克硼全部转变为氦，就得把所有的 55×10^{21} 个硼原子都轰碎。目前最强大的加速器每秒可以产生 1×10^{15} 个粒子。即便每个粒子都可以轰碎一个硼原子核，那这台加速器也要连续开动

---

① 这个过程的核反应方程式是：

(a) 中子的产生：$4Be^9 + 2He^4$（来自镭的 α 粒子）$\longrightarrow 4C^{12} + 0n^1$。

(b) 中子轰击氮原子：$7N^{14} + 0n^1 \longrightarrow 4B^{11} + 2He^4$。

5500 万秒才行，也就是差不多要两年时间。

　　然而，实际中的效率还要低上很多。通常在几千个高速粒子中，有一个能命中靶上的原子核产生裂变都是很幸运的事情了。之所以效率会如此之低，是由于原子核外的电子可以减缓入射的带电粒子的通过速度。电子壳层受轰击的截面面积比原子核受轰击的截面面积大很多，很显然，我们无法把每个粒子都精准地瞄在原子核上，所以，粒子要穿过多层电子壳层后，才存在命中某个原子核的可能性。

　　图 72 正是表明了这种局面。在图中，用黑色的小圆点来表示原子核，用阴影线来表示电子壳层。原子直径与原子核直径的比大约是 10000：1，所以，它们受轰击面积的比大约为 $1 \times 10^8：1$。我们还知道，带电粒子在穿过一个原子的电子壳层后，能量会减少万分之一左右，这样一来，在穿过 10000 个电子壳层后它就会静止下来。从这些数据中不难知道，在 10000 个粒子中，只有 1 个粒子有可能在能量耗光之前撞击在某个原子核上。考虑到带电粒子毁灭性打击靶子上原子的效率是如此低下，要让 1 克硼完全嬗变，恐怕最先进的加速器至少也要持续工作两万年吧！

四、核子学

　　总有这样一些词，看起来好像不很恰当，但是却很有实用的价值。

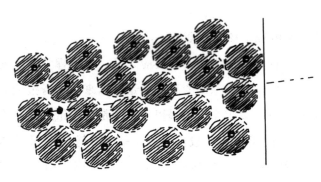

图 72

"核子学"就是这样一个。因此，我们姑且就用这个词吧。正如"电子学"表示的是电子束在实际中的广泛应用一样，核子学也可以理解为对核能量的大规模释放进行实际应用研究的科学。上一节我们看到，各种化学元素（除银以外）的原子核内都潜藏着巨大的内能：轻元素的内能可以在聚变的时候释放，重元素的内能可以在裂变的时候释放。我们还看到，使用人工加速的粒子轰击原子核的方法，在研究核嬗变的理论中尽管极为重要，但是效率极低，实际上很难派上用场。

不过，效率低下的主要原因是 α 粒子和质子是带电的粒子，它们在穿过原子时会失去能量，而且又不容易接近被轰击靶子的原子核。理所当然，我们会想到，如果用不带电的中子来进行轰击，可能会好上一些。然而，这也不容易办到。因为中子可以轻易地就进入原子核内，它们在自然界中并不是以自由的状态存在的。就算凭借人工的手段，用一个入射粒子从某个原子核中"踹"出一个中子来（如铍靶在 α 粒子轰击下产生中子），它也会很快地被其他原子核再次捕获。

如此一来，想要产生强大的中子束，就要把中子从某种元素的原子核中不断地踹出来。这样做的效率和带电粒子轰击的方法又能有多大区别呢？

不过，有一种逃出这种恶性循环的方法：如果可以用中子踹出中子，而且踹出不止一个，中子就会像兔子繁衍（见图 97）一般，或者如同细菌繁殖一样增加出来。不久之后，由一个中子生产的后代就会多到足以轰击一大块物质中所有的原子核的程度。

在人们发现这种使中子增长的核反应之后，核物理学迅速地繁荣了起来，并且从研究物质性质最隐秘的高塔中走了出来，跻身报纸的标题、疯狂的政治讨论和开发军事用途的漩涡里。但凡是看报纸的人，无人不知铀核裂变可以释放出核能——一般称为原子能——这种能量。铀的裂变是1938 年由哈恩和斯特拉斯曼发现的。但是，可别以为由裂变产生的两个大小相差无几的重核本身可以让核反应一直进行下去。实际上，这两块核块都带有很多电荷（各为铀核原本电荷的一半左右），因此无法接近其他的原子核。它们会在邻近原子的电子壳层的作用下快速失去能量而回归平静，并不会引发后续的裂变。

　　铀的裂变之所以会变得如此重要，是因为人们发现铀核碎片在速度减缓之后会释放中子，从而使得核反应可以自己进行下去（图73）。

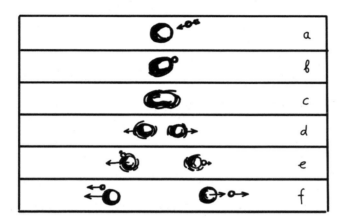

图 73　裂变过程的各个阶段示意图

　　这种特殊的裂变缓发效应，是由于重原子核在分裂时会像两节断裂的弹簧一样发生剧烈的振动。这种振动不至于让二次裂变（即碎片再次双分）发生，却极有可能导致几个基本粒子被抛射而出。要注意，我们所说的每个碎块放出一个中子，只是个平均数字。有的碎块可能放出两个或三个中子，有的可能一个也不会放出。显然，裂变时碎块可以产生中子的数量要仰仗振动的强度，而这个强度又取决于裂变时释放的总能量。我们又知道，这个能量的大小是随着原子核重量的增大而增加的，所以，可以想到，裂变所能产生中子的数量会随着元素周期表中原子序数的增大而增多。比如，金核裂变（由于激发所需的能量过高，至今仍未成功）可以产生的中子数量，可能会低于每块产生一个的概率，铀核裂变可以达到每块一个的概率（即每次裂变产生两个），更重的元素（如钚）应该会超过每块一个的概率。

假如100个中子进入了某种物质，为了可以达到中子的连续增值，它们明显要产生多于100的中子。对于能不能满足这种情况，得看中子让这种原子核裂变的效率是多高，也得看一个中子在造成一次裂变时可以产生新中子的数量有多少。要记住，尽管中子的轰击效率比带电粒子高得多，但也没有达到百分之百的程度。实际上，总会有一些高速的中子在与某个原子相撞时，只消耗它一部分的动能，然后又带着另一部分动能逃跑了。如此一来，粒子的动能会分散作用于几个原子核上，而没导致任何的裂变发生。

依据原子核结构理论，可以总结出这样一条：中子的裂变率随着裂变物质原子量的递增会增大，越靠近元素周期表末尾的元素，裂变的概率越接近百分之百。

现在，我们将列举两个关于中子数的粒子，一个是利于中子增多的，另一个是不利于中子增多的：（1）快中子对某种元素的裂变率为35%，裂变平均产生的中子数为1.6[①]。此时，假如有100个中子，就可以引起35次裂变，产生35×1.6=56个第二代中子。很明显，中子数目会逐代下降，每一代都会减少将近一半。（2）另一种比较重的元素，裂变率会升至65%，裂变平均产生的中子数为2.2。此时，假如有100个中子，就可以导致65次裂变，放出的中子总数为65×2.2=143个。每新产生一代，中子数就会增加约50%，用不了多久，就可以产生出足以轰击核样品中所有原子核的中子来了。这种反应，我们称之为分支链式反应。可以发生这种反应的物质，我们称为裂变物质。

通过对发生渐进性分支链式反应的必要条件的细致的实验观测和深入的理论研究，可以得出结论：在天然元素中，只有一种原子核可以产生这

[①] 此为举例数值，并非真实数据。

种反应，那就是铀的轻同位素铀235。

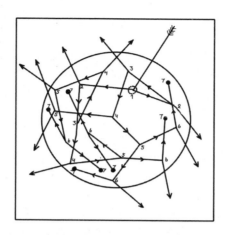

图74 一块球形裂变物质发生的链式反应。尽管有很多中子从表面逃逸了，但中子数仍然会随着代数不断增加，最后发生爆炸

不过，铀235并不会在自然界中单独存在，它总是与数量较多而且较重的非裂变同位素铀238混合在一起（铀235占0.7%，铀238占99.3%），这情况就好比湿了的木柴中的水分会妨碍木柴燃烧一样阻碍铀的分支链式反应的发生。不过，铀235正是由于与这种不活泼的同位素的掺杂而得以保留，否则，它们早就通过链式反应迅速地消失了。因此，如果想要开发铀235的能量，就要先把铀235与铀238分开，或者研究出抑制铀238捣乱的方法。这两种方法都是研究释放原子能的课题方向，并且都被顺利地解决了。由于本书不准备太多地涉及这类技术性的问题，所以我们只来大致讲一下。

想直接分离铀的两种同位素是极为困难的。它们的化学性质完全相同，因此，一般的化工方法是难以奏效的。这两种原子只是在质量上稍微有所不同，相差1.3%，这就为我们提供了依靠原子质量的区别来解决问题的方法，如扩散法、离心法、电磁场偏转法等。图75a和75b中展示的是两种主要分离方法的大致原理，并带有简单的说明。

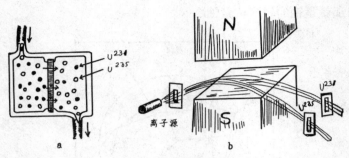

图 75

a. 用扩散法分离同位素。泵室左边抽入的是含有两种同位素的气体，中间的隔板会影响扩散，由于较轻的分子扩散得较快，所以右边的气体中铀 235 会集中得多一些

b. 用磁场法分离同位素。原子束从强磁场中穿过，较轻的同位素被偏转更多。为了提高粒子束的强度，一定得采用较宽的缝隙，这就会导致铀 235 和铀 238 两束粒子发生部分重叠，所以只能得到部分的分离

　　这些所有的方法都存在一个缺点：由于这两种同位素的质量相差极小，所以分离的过程无法一次完成，需要反复地进行多次，才能实现轻的同位素的积累。如此这般，经过很多次的重复，就可以得到极为纯净的铀 235 了。

　　更为聪明的方法是使用"减速剂"，人为地抑制天然铀中重同位素的影响，使得链式反应可以顺利进行。在介绍这个方法之前，我们要先明白，铀的重同位素之所以对链式反应起破坏性的作用，是由于它吸收了大部分铀 235 裂变时产生的中子，从而破坏了链式反应。因此，如果我们可以想办法让中子在碰撞铀 235 的原子核之前，不被铀 238 的原子核俘获，那么，裂变反应就可以进行下去，问题也就迎刃而解了。但是，铀 238 比铀 235 多出了有 140 倍，阻止铀 238 俘获大部分的中子，不是痴人说梦吗？然而，对于这个问题，另外一个原则起到了作用：铀的两种同位素俘获中子的能力会随着中子运动速度的不同而不同。对于裂变式产生的快中子，两者的俘获能力相当。因此，每当有一个中子轰击了铀 235 的原子核，就会有 140 个中子被铀 238 俘获。对于中等速度的中子来说，铀 238

的俘获能力比铀 235 强。不过，最重要的是，当中子速度非常低的时候，铀 235 比铀 238 的俘获能力强了很多！因此，如果我们可以让裂变产生的中子在与下一个铀原子核（238 或者 235）碰撞之前速度极大地降低，那么，虽然铀 235 的数量较少，但是却会比铀 238 俘获更多的中子。

　　我们把小颗粒的天然铀，掺杂在某种可以使中子大为减速，但本身又不会俘获大量中子的物质（减速剂）之中，就得到了减速的装置。最好的减速剂是重水、碳、铍盐。从图 76 中可以看到，这样散布在减速剂中的铀颗粒群是怎样工作的[①]。

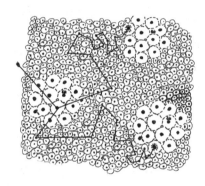

图 76　这看起来像是一张生物的细胞图，实际上，它表示的是嵌在减速剂（小原子）中的团簇的铀原子（大原子）。在左面的一团铀原子中有一个发生了裂变，产生的两个中子进入了减速剂，并在与它们的原子的一系列碰撞过程中速度逐渐减缓。当这些中子到达另一团铀原子时，已被减速到了一定的程度，这样就可以被铀 235 的原子核俘获，因为铀 235 俘获慢中子的效率比铀 238 高

　　前面我们说过，铀的轻同位素铀 235（在天然铀中只占 0.7%）是唯一保持渐进性链式反应而且释放巨大核能的天然裂变物质。但这并不是说，我们不可以人工制造出性质与铀 235 相同，但在自然界中并不存在的物质来。实际上，通过利用裂变物质在链式反应中产生的大量的中子，我们能让原先不可以发生裂变的原子核转变为可以发生裂变的原子核。

———————————

① 想要了解铀堆的更多知识，可以阅读专论原子能的书刊。

这样的第一个例子，就是前面介绍的由减速剂与铀混合制成的反应堆。我们已经知道，在使用减速剂之后，铀238俘获中子的能力会显著降低，以至于铀235可以进行链式反应。不过，仍然会有一些铀238的原子核俘获到中子。这会产生什么状况呢？

铀238的原子核在俘获一个中子后，显然会立刻变成更重的同位素铀239。不过，这个新生的原子核存在时间不长，它会连续释放出两个电子，变成原子序数为94的新元素的原子。这个人造的新元素被称为钚（pu-239），它比铀235更容易发生裂变。如果我们把铀238换成另一种天然的放射性元素钍（Th-232），它会在俘获中子后释放两个电子，转变为另一种人造的裂变元素铀233。

因此，以天然裂变元素铀235为基础材料，进行循环地反应，不管是理论中还是现实中，都可以将全部的天然铀和天然钍转变成裂变物质，变成富集的核能源。

最后，让我们来估算下，可供人类用于和平发展或发动毁灭性战争的总核能有多少吧。计算显示，所有天然铀矿中铀235潜藏的核能如果被全部释放，可以供给全世界工业使用数百年；如果加上铀238转变为钚的情况，时间可以达到几个世纪之久。考虑到潜藏能量四倍于铀的钍（转变为铀233），又可以多使用一两千年。这足以打破"原子能匮乏"论了。

并且，即便所有的核能源都消耗尽了，而且也再发现不了新的铀矿和钍矿了，子孙后代们还是可以从普通的岩石中获取到核能。实际上，铀和钍与其他元素一样，都少量地存在于万物之中。比如，每吨花岗岩中含有4克铀、12克钍。乍一看这也太少了，但我们再进行一下计算：1公斤裂变物质潜藏的核能相当于2万吨TNT爆炸或2万吨汽油燃烧时释放的能量。因此，1吨花岗岩中的这共计16克的铀与钍，就相当于320吨普通的燃料。这就足以补偿分裂过程中所遇到的困难了——尤其是在富矿源接近枯竭之时。

第三部分　无穷小·的微观世界

在征服了铀、钍等重元素裂变时释放的能量后，物理学家们又将目光放在了与裂变相反的过程——核聚变，即让两个轻元素的原子核聚合为一个重原子核，同时释放大量能量的过程。在第十一章中，大家会看到，太阳的能量就是来自氢核猛烈地热碰撞聚合为较重的氦核所进行的聚变反应。为了控制这种热核反应，为人类所用，人们发现最适合用于聚变的物质是重氢，即氘。水中只含有少量的氘。氘核含有一个中子和一个质子。当两个氘碰撞时，会发生下面两个反应中的一个：

2 氘核——→ 2He^3+ 中子；

2 氘核——→ 1H^3+ 质子。

为了实现这个反应，氘一定要处在几亿度的高温之中。

氢弹是第一种实现核聚变的装置，它是用原子弹引发的氘核聚变。不过，更为困难的问题是，该如何实现可控核聚变，为和平的目的提供大量的能量。其主要要克服的困难是约束极热的气体，可以利用强磁场控制氘核不与容器壁接触（不然容器会熔化或蒸发），并且把它们约束在中心的热区当中。

第八章　无序定律

一、热的无序

倒上一杯水，然后细致地观察它，此时，你所能看到的只不过是杯清澈而且均匀的液体，看不到它有任何内部运动的迹象（不晃动玻璃杯）。不过我们知道，水的这种均匀性只不过是个表象。假如把水放大成百上万倍，你就会看到它具有明显的颗粒结构，是由大量紧密排布的单个分子所组成的。

在这种放大尺度下，我们还可以清楚地看到，这杯水并不是处于静止状态的，它的水分子处于激烈的骚乱中，它们相互推挤着来回地运动，就好比骚乱的人群。水分子或其他物质的分子的这种无规则的运动被称为热运动，因为热现象是这种无规则运动的直接产物。尽管不能用肉眼看到分子之间的运动，但分子的运动会对人体器官的神经纤维产生一定的刺激，进而让人有热的感觉。对于比人小得多的生物，比如漂浮在水滴上的细菌，这种热运动的效应就明显了很多。这些倒霉的细菌会被正在进行热运动的分子无休止地来回推搡，永远不得安宁（图77）。这种有趣的现象最早是100年前在英国生物学家布朗研究植物花粉时发现的，所以也被称为布朗运动。这是一种普遍存在的现象，可以在漂浮于任何液体中的任何物质微粒（只要足够小）上观察到，也可以在飘荡于空气中的烟雾和尘埃中观察得到。

如果把液体加热，漂浮的小微粒会更加狂放地舞蹈起来；如果把液体冷却下来，舞蹈会明显变慢。显而易见，我们观察到的现象就是物质内部的热运动效应。因此，我们平时所说的温度，正是表示分子运动激烈程度的度量。

通过对布朗运动与温度关系的研究，人们发现，在温度到达 –273℃，即 –459 ℉时，物质的热运动就完全停止了。此时，所有的分子都平静了。很明显，这就是最低的温度了，它被称为绝对零度。如果有人说到更低的温度，显然那是不科学的。因为怎么会有比绝对静止更慢的运动呢？

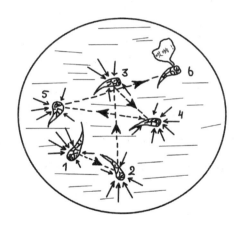

图 77　一个细菌被周围分子推来搡去而连续换了六个位置

所有物质的分子在接近绝对零度时，能量都会变得极小。因此，它们会被分子间的内聚力聚集成固态的硬块。这些凝聚状态下的分子只能轻微地颤动。如果逐渐升温，这种颤动就会越来越强烈，等达到了一定的程度，它们就可以获得更大的自由运动空间，从而可以进行滑动。这时候，原来凝结状态时的硬度就消失了，物质就变成了液态。物质的熔解温度取决于分子内聚力的强度。有些物质，如氢或空气（氮和氧的混合物），它们分子间的内聚力就比较弱小，在很低的温度下热运动就会被克制。氢要到 14K（即 –259℃）下会变成固体状态，氧和氮则分别在 55K 和 64K（即 –218℃ 和 –209℃）时进行熔解。还有些物质的分子有较强的内聚力，因此可以在较高的温度下仍然保持为固态。例如，酒精可以保持固态至 –114℃，固态水（即冰）在 0℃ 才会融化。还有一些可以在更高的温度下保持固态，如铅在 +327℃ 熔解，铁在 +1535℃ 熔解，稀有金属锇甚至可以保持到 +2700℃。很显然，当物质处于固态时，它们的分子被牢固地束缚在了一定的位置上，但也不是绝对不受热的影响。根据热运动的基本定律，处于同一温度下的所有物质，无论是固体、液体或者气体，其单个分子所具有的能量是相同的，只不过对于某些物质来说，此时的能量已经足够把它们的分子从固定位置上解脱开了，而对于另外一些物质而言，分子只能在原处振动，就好比被极短的链子拴住的狂犬一样。

固体的分子的这种热振动，用上一张介绍的 X 光照片可以很好地得到展现。我们很清楚，拍摄一张晶格分子的照片需要一定的时间，因此，在这段曝光时间内，绝对不可以让分子离开自己固定的位置。分子的振动不但不能帮助摄像，反而会让照片变得模糊。产生的模糊如图版Ⅰ。为了拍到清晰的图像，一定要竭尽所能把晶体冷却，通常是用把晶体浸入液态空气的方法来实现的。反过来说，如果把拍摄的晶体加热，照片就会随着温度升高越来越模糊。当温度到达晶体熔点时，由于分子逃离了原来的固定位置，开始在熔解的液体里无规则地运动，它的影像就完全消失了。

固体熔化后，分子仍然会聚成一堆，因为尽管热冲击的力度已经足以把分子从晶格上拉出来，却还不够让它们完全分离。然而，当温度进一步提升时，分子的内聚力也对聚拢分子无能为力了。此时，如果没有容器壁的阻挡，它们就会向着各个方向四散开了。如此一来，物质就明显处于气态了。液体的汽化与固体的熔化一样，不过不同的物质变成气态的温度会有所不同。内聚力比较弱的物质变成气态所需要达到的温度比内聚力较强的物质低。汽化温度还和液体受到的压力大小有重要关系，因为很明显，外界压力是内聚力的得力帮手。正因为这样，我们都理解，盖得很严的一壶水，它到达沸腾的温度比拿掉盖子时要高。还有，在大气压比较低的高山上，水还没到100℃时就可以沸腾。顺便说下，通过测量某个位置水的沸腾温度，就可以算出这个位置的大气压强，也就可以知道这个位置的海拔高度了。

　　不过，千万别学马克·吐温说的那个故事啊！他有一个故事讲到，他曾经把一个液体气压计放在了煮豌豆汤的锅里。这样做不但不能测算出高度，这锅汤还会被气压计中的铜氧化物给毁掉。

图 78

一种物质的熔点越高，它的沸点也会越高。液态氢在 –253℃达到沸腾。液态氧和液态氮分别是在 –183℃和 –196℃，酒精在 +78℃，铅在 +162℃，铁在 +3000℃，锇要到 +5300℃[①]才能达到沸腾。

固体精细的晶体结构被打破之后，它的分子先是抱头鼠窜，后如惊弓之鸟四散而逃，但这还不是热运动的极限破坏力，如果温度再升高，就会威胁到分子本身的存在了，因为这时候，分子之间的碰撞会变得尤为惨烈，很有可能会把分子撞散成单个原子。这个过程被称为热离解，离解的程度取决于分子的强度。有些有机物在几百度的温度时就会变成单个原子或者原子群了，而另外一些却会更为牢固，比如水分子，它要在 1000 度以上的时候才会崩溃。不过，真当温度到达几千度的时候，分子就不存在了，整个世界都会变成纯化学元素的气态混合物了。

太阳表面上就是这种情况，因为那里的温度可高达 6000℃[②]。而在比太阳温度低一些的红巨星的大气层中，就有可能有一些分子存在，这已经通过一些专业的方法得到了证实。

在高温下，惨烈的热碰撞不但会把分子分解成原子，还可以造成原子本身外层电子的丢失，这被称为热电离。如果温度高达几万度、几十万度、几百万度这种超高温度——这温度比实验室所能获得的最高温度还要高，不过在如太阳这样的恒星中却非常普遍——热电离的趋势就越发明显。最终，原子的存在都成了个问题，所有的电子层都被剥离了，物质就只剩下了光杆司令原子核与自由电子的混合物了。它们会在空间中横冲直撞。尽管原子遭到了如此破坏，不过只要原子核仍然完好无损，物质的基本化学性质也会得以保持。一旦温度下降，原子核就会再度拉扯回应有的电子，变成完整的原子。

要让物质彻底地热裂解，使原子核分解为单独的核子（质子与中

---

① 此处所有数值，均测于标准大气压下。
② 详见本书第十一章。

子），温度至少要提升至几十亿度。如此高温，就算在目前已知的最热的恒星里都没有发现。或许几十亿年以前，我们年轻的宇宙曾经出现过这种温度。这是个很有意思的问题，我们会在本书最后一章进行讨论。

这样一来，我们就看到了，热冲击的结果，导致了按照量子力学定律构建的精妙的物质结构，被逐步地破坏了，而且把这座宏伟的建筑，变成了一群横冲乱撞的、看不出任何明显规律的粒子。

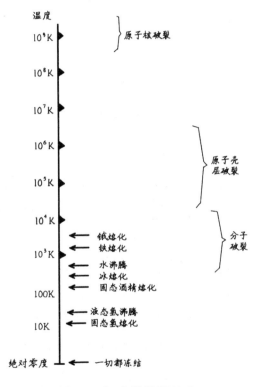

图 79　温度的摧毁效应

二、如何描述无序运动？

如果你认为，既然热运动是无规则的，就没有办法对它的任何物理性质进行描述了，这可就大错特错了。对于完全不规则的热运动，有一类新的定律在起作用，它们被称为无序定律，或者更常用的被称为统计定律。为了可以理解，让我们先来了解一下著名的"醉汉走路"问题吧。

假设某个广场的某个灯柱上靠着一个醉汉（谁都不知道他是什么时候怎么就到的这里），他某时想随便走动走动。让我们来看看他的走法吧。他开始走动了：朝一个方向随便走几步，然后换个方向再走几步，如此行走，每走几步就随意换个方向（图80）。那么，这位醉汉来来回回地折腾了一段距离后，比如折了100次以后，他距离灯柱有多远呢？

乍看起来，由于每次的拐弯都没法事先预估，这个问题好像无法解答，不过稍加考虑，你就会发现，尽管我们无法说出这个醉汉在走完一定路程后的准确位置，但我们仍然可以知道他在走完一定路程后距离灯柱的最有可能的距离是多远。

现在，我们就用严谨的数学方法来解答这个问题。以广场上的灯柱为原点做两条坐标轴，X 指向我们，Y 轴指向右方。R 表示醉汉在 N 个转折后（图80中 N 是 14）与灯柱的距离，若 X_n 和 Y_n 分别表示醉汉走过路径的第 N 个分段在相应两轴上的投影，显然，由毕达哥拉斯定理可得出：$R^2 = (X_1 + X_2 + X_3 + \cdots + X_n)^2 + (Y_1 + Y_2 + Y_3 + \cdots + Y_n)^2$，其中 X 和 Y 既有正数，也有负数，要以醉汉在各个路段行走时是接近还是远离灯柱为依据。要注意，既然他的行走轨迹完全是随机的，因此，在给 X 和 Y 取值时，正数和负数的个数应该大致相当。我们以数学原则展开上面的式子，即把括号中的每一项都与自己括号中的所有各项（包括自己在内）相乘，这样：

$$(X_1 + X_2 + X_3 + \cdots + X_n)^2$$
$$= (X_1 + X_2 + X_3 + \cdots + X_n)(X_1 + X_2 + X_3 + \cdots + X_n)$$
$$= X_1^2 + X_1X_2 + X_1X_3 + \cdots + X_2^2 + X_1X_2 + \cdots + X_n^2$$

这一长串数字包括了 X 的所有平方项（X_1^2，X_2^2，$\cdots X_n^2$）和所谓"混合积"，如 X_1X_2，X_2X_3，等等。

图 80　醉汉散步

之前我们用到的只不过是相对简单的数学，现在要用些统计学的方法了。由于醉汉行走是没有章法的，他朝向灯柱或者远离灯柱，可能性是相同的。因此，在给 X 赋的值里，正负会参半。如此，在"混合积"里，总会找到成对的可以互相抵消的那些绝对值相等、符号相反的数来。当 N 越大，抵消得也会越彻底。最后留下的只有那些平方项一直是正数的。这样一来，式子就变成：$X_1^2 + X_2^2 + \cdots + X_n^2 = NX^2$，这里的 X 表示的是各段路程在 X 轴上投影长度的平均值。

同样，第二个括号也可以转化成 NY^2，这里的 Y 表示的是各路程在 Y 轴上的投影长度的平均值。这里要强调下，我们并不是在进行严格的数学运算，而是利用统计的规律，即考虑到由于运动的随机性产生的可以互相抵消的"混合积"。现在，我们求出醉汉与灯柱的可能距离为：$R_2 = N(X_2 + Y_2)$ 或 $R = \sqrt{N} \cdot \sqrt{X^2 + Y^2}$ 。

由于各路程在两根坐标轴上的投影的夹角是 45°，因此：$\sqrt{X^2 + Y^2}$，就等于平均的路程长度（由毕达哥拉斯定理可证）。用 1 来表示这个平均的路程长度时，可以得到 $R = 1 \cdot \sqrt{N}$ 。

换成通俗的话来说，就是：最后在来回往复地走了很多曲折的路线后，距离灯柱最有可能的距离，是各段路径的平均长度与路径段数的平方根的乘积。

所以，如果这个醉汉每走一米就（随机角度）转个向，那么，在他走了 100 米长的路程后，他与灯柱的距离大概率是 10 米；如果他笔直地走，就会是 100 米。这表明，清醒的头脑在走路时很有优势。

从上面的事例可以清楚地看到统计规律的本质：他求出的并不是每一种情况时的精确距离，而是最有可能的距离。假使偏偏有个醉汉可以笔直地走路（尽管极为罕见），他就会径直远离灯柱了。而另外一个醉汉走路每次都会转上 180° 的话，他就会离开灯柱又折返回来。不过，倘若一群醉汉以同一根灯柱为起点，开始互不干涉地随机行走，那么足够长的一段时间后，你会发现，他们会按照上面的规律分布在灯柱的周围。图 81 所画的是 6 个醉汉随机走动时的分布情况。毫无疑问，醉汉的人数越多，随机运动弯折的次数越多，上面的规律就越精准。

图 81　灯柱附近 6 名醉汉的分布情况统计图

现在，把一群醉汉换成一些很小的东西，比如在液体上漂浮的植物花粉或者细菌，你就可以看到生物学家布朗在显微镜下观察到的那种现象。当然，花粉和细菌是不喝酒的，不过我们原来提到过，它们被四周分子的热运动所裹挟，不停地向各个方向做运动，因此也会被迫走出曲折的路径，就像那些被酒精麻醉到失去方向感的醉汉一样。

用显微镜观察漂浮在一滴水里的众多小微粒的布朗运动时，你可以把目光集中在某一时刻处于某一小区域内（类似灯柱周围的广场）的一批微粒上。你就会发现，随着时间的推移，小微粒会逐步分开在视场中的任意地方，并且它们与之前位置的距离和时间的平方根成正比，就像我们前面推导醉汉运动时所得到的数学公式描述的那样。

很显然，这个定律也适用于水滴中的任何一个分子。不过，人们肉眼是看不到单个分子的，即使看到了，也无法把它们相互区别出来。因此，我们得用两种不同的分子，以它们的异同（如颜色）来区分它们的运动情况。

现在，我们取一支试管，在其中注入一半漂亮的紫色高锰酸钾水溶液，再小心翼翼地加入一些清水，要注意，不要把这两层液体弄混。观察这支试管，我们就可以看到，紫色将慢慢地进入清水里面。如果观察的时间足够长，全部的液体就都会从下至上变成颜色统一的均匀液体（图82）。

这种现象就是大家所熟知的扩散。它是由高锰酸钾分子在水中无规则的运动所造成的如同染料一样的效果。我们可以把高锰酸钾分子想象成一个个小酒鬼，被周围的分子不断地来回冲撞。水分子互相挨得极近（与气体分子相比），因此，造成两次连续撞击的平均自由程很短，大约只有亿分之一英寸。而另一方面，分子在室温下的运动速度大约是 1/10 英里每秒。所以，每过一秒钟，一个单个染料分子经过碰撞并转换方向的次数高达上万亿次，每一秒内走出的距离就会是亿分之一英寸（平均自由路程）乘以 1 万亿的平方根，即每秒走 1% 英寸，这也就是扩散速度。考虑到在没有发生碰撞时分子一秒钟就会跑出 1/10 英里远，由此可见，扩散的速度是很缓慢的。要经过 100 秒的时间，分子才能运动到 10 倍（$\sqrt{100}=10$）距离的地方；要经过 10 000 秒的时间，也就是大概 3 个小时，颜色才会扩散 100 倍（$\sqrt{10000}=100$），也就是 1 英寸的距离。看，这个扩散过程可是相当慢啊。所以，如果你在茶水里面加了糖，最好是用汤匙搅动一下，别干等着让糖分子自行扩散。

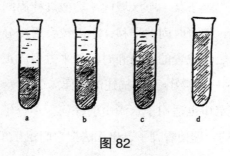

图82

我们再来看一个关于扩散的例子：热在火炉火锸上的传导方式，就是分子物理学中极为重要的过程之一。把一根铁锸的一端插入火中，根据生活经验，另外一端要过一段时间后才会变得烫手。你可能不知道，传递热量是电子的扩散导致的。不管是火镨，或者是其他金属，内部都含有大量的电子。这些电子与玻璃之类的非金属物质中的电子不同，金属中处在电子壳层的电子可以脱离原子的控制，在金属晶格里乱窜，会像气体中的微粒那样进行不规则的热运动。

金属物质的外层表面会对电子施加一定的作用力，阻止电子逃离金属①。但是在金属的内部，电子几乎可以不受限制地随意运动。如果给金属丝增加一个有作用力的电场，这些不受限制的自由电子就会沿着电场作用力的方向运动，形成电流。但非金属物质的电子就几乎被束缚在了原子上，不可以随意运动，因此，大部分非金属都是良好的绝缘体。

当把金属棒的一端插入火中时，这一端金属中的自由电子的热运动就会显著加强，所以这些高速运动的自由电子就会携带着过量的热能向其他区域扩散。这与染料分子在水中扩散的情况极为相似。区别并不是指它们是两种不同的微粒（水分子与染料分子），而是热电子气扩散到冷电子气的区域中去。醉汉走路的规律在这里也可以适用，热在金属棒中传递的距离与所用时间的平方根成正比。

最后，再来举一个与前面很不相同的在宇宙尺度内扩散的重要例子。在下一章里，我们会讲到，太阳的能量是通过它内部深处的元素在嬗变时产生的。这些能量会以强辐射的形式被释放出去。它们被称为"光微粒"，或者光量子。它们会从太阳内部向太阳表面运动。光的速度是30万公里每秒，太阳的半径是70万公里。所以，如果光量子行进的路线是直线的话，只需要2秒钟多一点的时间就可以从地心达到地表了。但事实是，光量子在向外运动时，会与太阳内部无数的原子核电子发生碰撞。光量子在太阳内部的自由程大约是1厘米（大大长于分子的自由程），太阳的

① 高温状态的金属丝，内部电子的热运动极其剧烈，以致一些电子会从表面射出。无线电爱好者们对此一定深有体会，这种现象已经被用在了电子管上。

半径是 7×10^{10} 厘米，如此算来，光量子像醉汉那样拐弯得拐上（7×10^{10}）^{2} 即

5×10^{21} 个弯才可以到达表面。所以，每一段路程需要花费时间为 $\frac{1}{3 \times 10^{10}}$

即 3×10^{-11} 秒。整个路程所要的时间就是 $3 \times 10^{-11} \times 5 \times 10^{21}=1.5 \times 10^{11}$ 秒，

也就是 5000 年左右。这下我们就又一次见识到了扩散过程是何其缓慢了。

光从太阳中心达到表面得花上 50 个世纪，而从太阳的表面穿越星际空间

径直抵达地球，只需要 8 分钟足矣。

三、计算概率

上面对于扩散的探讨只是把概率统计定律运用在分子运动上的一

个简单例子，在进入更深入的探讨，来了解最为重要的熵的定律这个

囊括所有物体，小至液滴，大至恒星系统组成的宇宙的热规律的定律

以前，我们得先学习一些用于计算各种简单与复杂事件可能性（即概

率）的方法。

最好理解的概率问题大概就是掷硬币了。大家都知道，掷出硬币正面

与反面朝上的概率是相等的（不作弊的情况下）。我们把这种相等概率出

现的情况称为一半对一半的机会。如果把出现正面的机会和出现反面的机

会相加，那就是 $\frac{1}{2} + \frac{1}{2} =1$。在概率论中，整数 1 意味着必然性。在投掷硬

币的时候，可以肯定地说，不是得到正面就是得到反面吗？不过，如果硬

币滚到了床下面，找都找不到了，那就是另一回事了。

现在假如把一枚硬币连着投掷两次，或者同时投掷两枚硬币（这两种

情况等效），那么不难发现，会出现图 83 所画的四种不同的情况。

图 83　投掷两枚硬币的可能性

第一种情况是得到两个正面，最后一种情况是得到两个反面。中间的两种情况本质上是相同的，因为不管是哪枚正面或者哪枚反面，都是一样的。这样我们可以说，得到两个正面的机会是 $1:4$，也就是 $\frac{1}{4}$，得到两个反面的机会也是 $1:4$，即 $\frac{1}{4}$，得到一正一反的机会是 $2:4$，即 $\frac{1}{2}$。$\frac{1}{4}+\frac{1}{4}+\frac{1}{2}=1$，也就是说，每投掷一次硬币，必然会出现三种情况中的一种。再来看下投掷三枚硬币的情况吧，所有的可能性如下：

第一枚　正　正　正　正　反　反　反　反
第二枚　正　正　反　反　正　正　反　反
第三枚　正　反　正　反　正　反　正　反
　　　　Ⅰ　Ⅱ　Ⅱ　Ⅲ　Ⅱ　Ⅱ　Ⅲ　Ⅳ

以上可以看出，三枚硬币全是正面的机会是 $\frac{1}{8}$，三枚硬币全是反面的机会也是 $\frac{1}{8}$。其余的可能性被两正一反和两反一正两种情况所占据并且等分，都是 $\frac{3}{8}$。

尽管这种图表会增大得很迅速，不过，我们还是可以来看一下投掷 4 枚硬币会出现什么情况。这时候会出现下面 16 种可能性：

第一枚	正	正	正	正	正	正	正	正	反	反	反	反	反	反	反	反
第二枚	正	正	正	正	反	反	反	反	正	正	正	正	反	反	反	反
第二枚	正	正	反	反	正	正	反	反	正	正	反	反	正	正	反	反
第四枚	正	反	正	反	正	反	正	反	正	反	正	反	正	反	正	反

Ⅰ Ⅱ Ⅱ Ⅲ Ⅱ Ⅲ Ⅲ Ⅳ Ⅱ Ⅲ Ⅲ Ⅳ Ⅲ Ⅳ Ⅳ Ⅴ

这时，四枚硬币全是正面的概率是 $\frac{1}{16}$，四枚硬币全是反面的概率也是 $\frac{1}{16}$，三枚正面一枚反面和三枚反面一枚正面的概率都是 $\frac{4}{16}$ 即 $\frac{1}{4}$，正反相等的概率为 $\frac{6}{16}$，即 $\frac{3}{8}$。

按这种方式做下去，投掷的硬币数一旦多起来，表就会长到超出你的纸面。比如，投掷十枚硬币，就会存在 1024 种可能性（即 $2\times2\times2\times2\times2\times2\times2\times2\times2\times2$）。不过，我们并不需要排列出如此之长的表单，只需要在前面罗列的简单的表单里，就可以发现得出概率大小的方法了，然后再把这些方法直接推广到更为复杂的情况里面。

我们最先注意到，投掷两次时，两面都为正的概率等于第一次与第二次分别都得到正面的概率的乘积，也就是说：

$$\frac{1}{4}=\frac{1}{4}\times\frac{1}{2}。$$

同样，投掷三次或四次时，连着全部都是正面的概率也等于每次投掷得到正面的概率的乘积。

$$\frac{1}{8}=\frac{1}{2}\times\frac{1}{2}\times\frac{1}{2}；\frac{1}{16}=\frac{1}{2}\times\frac{1}{2}\times\frac{1}{2}\times\frac{1}{2}。$$

因此，如果有人想知道连着投掷 10 次得到全部都是正面的机会有多少，你可以轻而易举地把 $\frac{1}{2}$ 连着乘上 10 次告诉他结果。这个结果是 0.00098，这表示出现这种情况的机会非常小，大概只有千分之一的概率。这就是"概率相乘"的法则。再说具体点就是，如果要求得需要同时满足几个不同条件的事件的概率，你可以把单独满足每一个事件的概率相乘来得到答案。假如你得满足很多个条件，而且每一个条件又不容易达成的话，你想要把它们全部实现的概率实在会小到让人心痛啊。

此外还有一个法则，即"概率相加"法则，它是说：如果要得到几个事件当中一种情况（无论哪一种都可以）的概率，这个概率等于所需要的各个事件单独实现的概率之和。

在投掷硬币两次、求获得一次正面一次反面概率的那个例子里，可以清楚地了解到这条法则：你需要的是"先正面后反面"，或者是"先反面后正面"，这两个事件每个单独实现的概率都是$\frac{1}{4}$，所以获得其中任何一个的概率就是$\frac{1}{4} + \frac{1}{4} = \frac{1}{2}$。

总而言之，如果你要求得的是"既有某事，又有某事，还有某事，……"的概率，就得把每个事件单独实现的概率相乘；如果你要求得的是"或者某事，或者某事，或者某事，……"的概率，就得把实现每个事件的概率相加。

前面一种，就是想要全部都实现的情况下，要实现的事件越多，全部实现的可能性就会越小；后面一种，就是想要实现其中某一个事件的情况下，可供选择的名单越长，最终实现的可能性越大。

当实验进行了相当多次的时候，概率就会变得极为精确。投掷硬币的实验可以很好地证明这一点。图84给出的是投掷2次、3次、4次、10次与100次硬币后，得到不同正、反面概率的分布图。可以看到，投掷的次数越多，概率的曲线就越尖锐，正反面对半出现的机会值也就越突出。

因此，在投掷2次、3次以及4次的时候，全部是正面或者反面的机会还是很大的。在投掷10次的时候，就算是90%是正面或者反面的机会都变得非常渺茫。如果次数更多些，如投掷100或1000次，概率曲线会尖锐得如同一根针，想要稍微从一半对一半的分布情况上有所偏移，在现实中都是难以出现的。

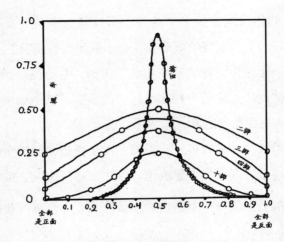

图 84　得到正面与反面的次数图示

现在让我们用刚才学到的概率计算的简单法则，来判断在一种出名的扑克牌玩法中，五张牌出现各种组合的可能性吧。

可能你不会这种扑克牌玩法，所以我来简单地说明一下规则：参加游戏的每位玩家都要摸五张牌，得到最好牌型的玩家获胜。这里我们舍去了为了拼凑出一手好牌而互相交换牌所致的多余复杂化，也不考虑依靠欺诈术使对方产生你获得好牌的错觉继而认输的心理战术。其实欺诈术才是这种玩牌游戏的关键之处，并且丹麦著名的物理学家波尔还设计了一种全新的玩法：甚至不需要纸牌，参加的玩家只要说出自己想象中的牌的组合，并且互相欺诈就可以了。这已经完全脱离了概率计算的范畴，变成了纯心理学问题了。

现在让我们把计算某种牌型的概率当作练习吧。其中有种牌型叫作"同花"，就是说五张牌都是同一花色（图85）。

如果想要摸到一副同花，第一张摸到的是什么牌无关紧要，只要计算出摸到的另外 4 张也是同一种花色的概率就可以了。一副扑克一共有 52 张牌，每一种花色各有 13 张[①]。在你摸去第一张某一花色的牌后，其余这

[①] 此处省略了"百搭牌"的玩法。

种花色的牌就还剩 12 张，所以，第二张也是同一花色的概率就是 $\frac{12}{51}$。同理，第三、第四、第五张牌依然是同一花色的概率分别是 $\frac{11}{50}$、$\frac{10}{49}$、$\frac{9}{48}$。既然我们要求五张牌都满足是同一花色这个要求，那就得用概率乘法。这样，你会求得得到同花的概率为：

$$\frac{12}{51} \times \frac{11}{50} \times \frac{10}{49} \times \frac{9}{48} = \frac{118800}{5997600} \approx \frac{1}{500}。$$

不过，不要认为每玩 500 局，一定可以摸到一次同花。你有可能一次都不会摸到，也可能会摸到两次。我们这里计算的仅仅是可能性。有可能你连着摸了 500 次，一次同花也没有，也有可能刚好相反，你第一次就摸到了同花。概率论所能告诉你的仅仅是在 500 次游戏里，可能会摸到 1 次同花。以相同的方法，你还可以算出，在 3000 万次游戏里，可能有 10 次得到五张 A（包括百搭在内）的机会。

另外一种更加少见，因此也就更加有价值的牌型是所谓的"福尔豪斯"，又被叫作"三头两只"。它包括一个"对"和一个"对半"（即有两张牌同一点数，另外三张为相同的另外一个点数，如图 86 所示，两张 5、三张 Q 的组合）。

图 85　同花（黑桃）　　图 86　三头两只（福尔豪斯）

摸到三头两只时，两张头牌是什么点数是无关紧要，但是后面的三张牌中，应该有两张牌和前面的两张牌中的一张点数相同，而第三张要与前面两张牌中的另外一张点数相同。因为还剩余六张牌（假如摸到一张 5、一张 Q，那就剩余三张 5、三张 Q）可供组合，所以第三张符合要求的概率是 $\frac{6}{50}$。在剩余的 49 张牌中还剩五张符合要求的牌，所以第四张也符合要求的概率是 $\frac{5}{49}$。第五张牌符合要求的概率为 $\frac{4}{48}$。因此，摸到三头两只的概率为：$\frac{6}{50} \times \frac{5}{49} \times \frac{4}{48} = \frac{120}{117600}$，这个概率大概是摸到同花概率的一半。

同理，我们还可以算出其他牌型如"顺子"（点数连续的五张牌）等的概率，以及算出包括"百搭"在内或进行交换等表现出的概率。

通过上面的计算可以看出，扑克牌里一副牌的好坏程度和它的出现概率是对应的。这到底是从前某位数学家制定的，还是依靠全世界聚集在各种豪华的或者破烂的赌博桌上的数以万计的赌徒们用钱财摸索出的经验得来的？我们不得而知。不过如果来自后者的话，我们可要承认，对于研究复杂事件的相对概率来说，这是一份非常重要的统计数据。

关于概率计算，还有一个出人意料的有趣的例子，那就是"生日重合"的问题。回想下，你是否曾经收到两份参加在同一天举行的生日宴会的邀请。你可能会说这种可能性非常小，因为你可能只有 24 个朋友会邀请你参加他们的生日宴会，但是一年可足有 365 天啊！既然有这么多天数可供选择，那么 24 个朋友中，两个朋友在同一天过生日的机会一定是非常小的吧。

然而，你这种想法就错得离谱了。尽管听起来让人难以置信，不过现实情况却是：24 个朋友当中，有两个人，甚至几组两个人的生日发生重合的概率是相当大的，甚至比不发生重合的概率还要大。

想要求证它，你可以列出一张 24 个朋友的生日表来，或者索性从《美国名人录》之类的书里随便选上一页，随便抽选 24 个人来瞧瞧。当然，我们也可以运用前面投掷硬币和玩扑克牌例子中使用过的较为熟悉的简单概率法则，来计算下这道题目里的概率问题。

　　我们先来算下 24 个人生日在不同日子的概率。首先是第一个人，他的生日显然可以选在一天中的任意一天。这样，第二个人和第一个人不是同一天生日的可能性是多少呢？第二个人可以出生在任何一天，因此，在全部 365 个机会中有一个机会与第一个人相同，有 364 个机会与第一个人不同，即概率为 $\frac{364}{365}$。同理，第三个人与前面两个人都不在同一天的概率为 $\frac{363}{365}$，这是因为减去了两天。再到后面，生日与前面任何一人都不同的概率依次为 $\frac{362}{365}$、$\frac{361}{365}$、$\frac{360}{365}$ 等，最后一个人的概率是 $\frac{365-23}{365}$，即 $\frac{342}{365}$。

　　把这些分数相乘，就可以得到这些人生日全都不重合的概率：

$$\frac{364}{365} \times \frac{363}{365} \times \frac{362}{365} \times \cdots \times \frac{342}{365}。$$

　　用高等数学的知识来计算，几分钟就可以求出乘积了。如果不了解高等数学，那就得艰难地一个个相乘了[①]。这也用不了多久，结果大约是 0.64。这表明生日互补重合的概率要比一半稍小。换言之，在你这 24 个朋友里，没有任何两个人的生日是在同一天的概率为 46%，而有重合的概率为 54%。所以如果你有 25 个或以上个朋友，却从来没有被两个人邀请去同一天的生日宴会，你可以相当肯定地认为，或者他们大部分不开生日宴会，或者就是他们压根没有请你！

　　这个生日重合的问题提供了一个很好的例证，它表明在研究复杂事件发生的概率时，凭经验而来的结论是很不可靠的。我自己也用这个问题问过很多人，其中不少还是声名卓著的科学家。结果除一人以外，其他的人都下了 2 倍甚至 15 倍的赌注打赌说，没有这种可能性。如果哪位老兄和他们打了这个赌，他一定会发上一笔财的。

　　有一点是一再强调的：尽管我们可以把不同事件发生的概率用公式计

---

① 要是会使用计算尺或者查找对数表，那就方便多了。

算出来，并且可以找出其中最大概率发生的事件来，但这并不意味这个最大概率的情况一定会发生。我们只可以推测认为"大概"会怎样，却不能认为"一定"会怎样。除非重复实验几千遍或者上万遍，要是可以重复几十亿次那就再好不过了。但是当实验只重复了有限的几次时，概率定律就没那么准确了。让我们来看这样一个例子吧，它试图用统计规律来翻译一段密码。

在爱伦坡的著名小说《金甲虫》中，有位名叫勒格让的先生。他在南卡罗来纳州的荒僻海滩上散步时，发现一张半埋在沙子里的羊皮纸。这张羊皮纸在冷的时候看不出有什么，当勒格让先生用房中的火炉烘烤的时候，它上面就显现出了一些可以辨认的神秘的红色符号。符号中画着一个人的骨架，这表明它是出自海盗的手笔。还画着一个山羊头颅，说明这个海盗正是名气很大的基德船长。还画着另外几行符号，无疑是指向一处藏宝地（见图 87）。

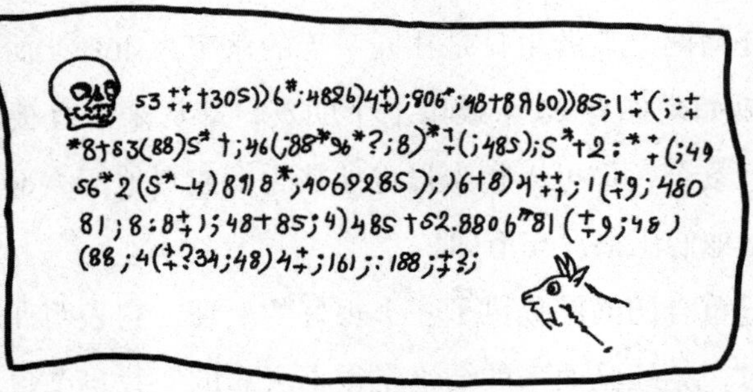

图 87　基德船长的手稿

我们暂且认定爱伦坡写的是真实的，而且承认 17 世纪的海盗已经认识了如分号、引号以及各种现在常用的符号，如‡、†、¶等。

勒格让先生很想弄到这笔宝藏，于是便绞尽脑汁想要破译这段密码。最后，他对照英文里不同字母出现的频率实现了破译。原理在于：随便找一段英文来，莎士比亚的十四行诗可以，华莱士的侦探小说也可以，数一下每个字母出现的次数，你就会发现，字母 e 出现的次数大大超过了其他字母。其他字母按出现字数由多到少排序如下：

a, o, i, d, h, n, r, s, t, u, y, c, f, g, l, m, w, b, k, p, q, x, z。

勒格让数过了基德船长的密文，查到数字 8 出现的次数最多。他想"哈，这就表明，8 极有可能就是字母 e 了"。

这一点倒是让他猜对了。当然，是 e 只是大概是，而不是一定是。如果这段密文是这样写的"You will find a lot of gold and coins in an iron box in woods two thousand yards south from an old hut on Bird island's north tip"（在鸟岛北端的旧茅屋南面 2000 码那里的森林里的一个铁箱内，你可以找到很多金子与钱币）。这其中甚至一个 e 都没有！不过，概率理论倒是很帮勒格让先生的忙，真让他猜对了。

第一步的正确，让勒格让先生倍受鼓舞，他用同样的方法制出了不同字母出现的次数表，如下表所示：

表 4

符号	出现次数	按概率排列顺序	实际字母
8	33	e	e
;	26	a	t
4	19	o	h
‡	16	i	o
)	16	d	s
*	12	h	n
5	11	n	a
6	11	r	i
(	10	s	r
1	8	t	f
†	7	u	d

0	6	y	l
9	5	c	m
2	5	f	b
3	4	g	g
:	4	l	y
?	3	m	u
¶	2	w	v
–	1	b	c
•	1	k	p

表中第三栏是按照字母在英语中出现的频率以由高到低的顺序排列的。所以，可以假设第一栏中的符号与同一行中的字母是逐一对应的。不过如此一来，基德船长的密文就变成了 ngiiugynddrhaoefr……

这不能表示任何的意义。

这到底是什么原因呢？难道是基德船长心思缜密，运用了和英语字母出现频率不同的其他特别的词汇？其实并不是这样的，原因很简单，这篇密文实在是太短了，导致统计学的最大概率分布难以奏效。如果基德船长藏匿珍宝的手法更为复杂，然后得用上好几页纸才能写完密文，那么，勒格让先生用概率的方法成功破译的可能性会大上很多。如果密文有一本书那么多，那就不存在问题了。

倘若投掷 100 次硬币，你可以很有信心地判断正面朝上的次数会有 50 次，但是倘若只投掷 4 次，出现正面的次数就可能是 1 次或者 3 次。试验的次数越多，概率定律就越准确，这时它就会变成一条法则。

由于这篇密文的字数太少，难以用概率法直接破译，勒格让先生只得凭借英语单词中一些细小的构成来尝试破译。首先，他仍然会先假设出现次数最多的 "8" 表示字母 e，因为他注意到，"8 8" 的组合在这段文字中总是出现（5 次）。我们都知道，e 在英语单词中经常会双写，比如 meet, fleet, speed, seen, been, agree, 等等。然后，如果 "8" 真的代表字母"e"，那么它一定会包含在"the"中在密文中经常出现。查看密文，我们发现，"；48"这个组合在密文中一共出现了7次之多，因此我们可以假设"；"代表的是字母t，"4"代表的是字母h。

读者们可以自己去尝试破解爱伦坡所写的故事里基德船长的密文。我把原文与破译结果写在了下面：

"A good glass in the bishop's hostel in the devil's seat. Forty-one degrees and thirteen minutes northeast by north. Main branch seventh limb east side. Shoot from the eye of the death's head, a beeline from the tree through the shot fifty feet out."（主教驿站里恶魔雕像下有一面完好的镜子，北偏东41度43分，主干朝东的第七根树枝，从骷髅眼睛开一枪，从这棵树朝着子弹方向笔直走50英尺。）

勒格让先生把最终破译的字母列在了表中的最后一栏。可以看到，它们与概率定律算出的字母不大相同，这当然是由于密文的篇幅太短了，概率定律难以发挥作用。不过，即使是在如此短小的统计样本里，我们还是能发现，每个字母都有按照概率计算的结果进行排列的趋势，一旦字母的数量达到了相当的程度，这个趋势就会成为必然的事实。

对于用大量的实验来检验概率论正确性的例子可能只有一个，那就是著名的星条旗与火柴的问题（还有另外一个例证：保险公司一定不会破产）。

为了进行这个概率问题的实验，还需要有一面美国的星条旗，即红白条纹相间的旗子。如果找不到这样的旗子，在一张大纸上画若干的等距离的平行线也可以。再找一盒火柴，随便什么火柴都可以，不过要比平行线之间的距离短。除此之外，还要借用一个希腊字母 π。这个字母还有一个意义，它表示圆的周长与直径的比值。你可能知道，这个数等于3.1415926535……（还有很多位，这里省略不写）。

现在把旗子平铺于桌面之上，随意扔出一根火柴，让火柴落在旗面之上（图88）。火柴有可能会完全落在一条带子里，也有可能同时压在两条带子上。这两种情况发生的概率各有多少呢？

图88　扔出一个 π

想要得到这个概率，首先也要按照其他问题中的方法，搞清楚不同可能性发生的次数都是多少。

但是，火柴掉落在旗面上，不是拥有无限种不同的样式吗？怎么可能数得清楚各种可能出现的情况？

我们来仔细地思考一下。火柴掉落在条带上的情况，可以通过火柴的中心点到最近的条带边界的距离以及火柴与条带方向所形成的角度来确定，如图89所示。图中画出了三种基本形式。为了便于说明，这里把火柴的长度与条带的宽度定义为相同的数值，比如2英寸。如果火柴的中点与边界距离很近，角度又比较大（如a），火柴就会与边界相交。反过来，如果角度较小（如b），或者距离较远（如c），火柴就会完全掉落在一条带子里。说得更准确点就是，如果火柴长度的一半在垂直方向上的投影大于从火柴中心点到最近边界的距离，那么火柴就会与边界相交（如a），反过来就不会相交（如b、c）。图89下半部分的图片就是在说明这句话。

坐标横轴用弧度做单位来表示火柴落下后的角度，坐标纵轴表示火柴的一半长度在垂直方向上的投影长度，在三角学中，这个投影长度也叫给定角度的正弦。显而易见，当给定的角度为零的时候，正弦值也就是零，因为此时火柴是水平的。当给定角度为 $\frac{\pi}{2}$ 即是直角时，火柴位于直立的位置，与它的投影重合了，正弦值就是 1。对于处在这两个角度之间的其余角度，它们的正弦值就如我们熟知的正弦曲线表现的那样（图 89 只画了从 0 到 $\frac{\pi}{2}$ 这四分之一段曲线）。

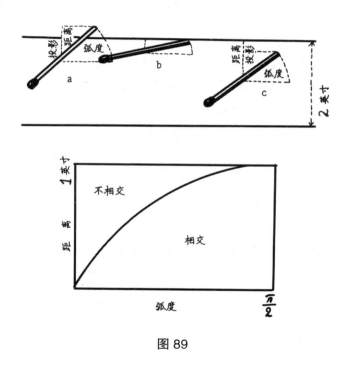

图 89

得到了这条曲线，想要计算火柴与边界相交或与边界不相交这两种情况的概率就简单多了。实际上，我们可以发现（图 89 上面的三个例子），火柴中点与边界的距离如果小于半截火柴的竖直投影，即小于此时的正弦值，火柴与边界就会相交。此时，代表这个距离与角度的点位于正弦曲线的下面。反过来时，火柴完全掉落在一个条带中，对应的点会在正弦曲线的上面。

根据概率计算的法则，相交的机会与不相交的机会的比值，等于曲线下部分的面积与曲线上部分的面积的比值。换句话来说，两个事件发生的概率，分别等于可以表述自己的面积与整个矩形面积的比值。通过数学方法可以证明，图中正弦曲线下的面积刚好等于1，而整个矩形的面积等于$\frac{\pi}{2} \times 1 = \frac{\pi}{2}$。所以，我们可以求出结果：火柴（在火柴长度与条带宽度相等的情况中）与边界相交的概率是$\frac{1}{\frac{\pi}{2}} = \frac{2}{\pi}$。

π 在这个根本预料不到的场合中出现了，这个有趣的事件是在18世纪由科学家布丰最先发现的，因此，这个问题也被称为布丰问题。

进行具体实验的是严谨的意大利数学家拉兹瑞尼。他投掷了3408根火柴，数到其中有2169根与边界相交。把这个真实的数据代入布丰公式，π 就等于$\frac{2 \times 3407}{2169}$，即3.1415929……与精确的数值进行对比，一直到小数后第七位才出现不同！

这无疑是证明概率定律实用性的一个有趣的例子。不过比起投掷几千次硬币，用投掷总次数除以正面朝上的总次数可以得到2这个结果，也并不有趣多少。在后面一种情况里，你一定会求得2.000 000……，误差与拉兹瑞尼算出的 π 值的误差同样小。

四、神秘的"熵"

从以上全都源于日常生活的计算概率的例子中，我们可以知道，当样本的数目不够多时，概率的计算往往不怎么准确；但是当样本变多时，就会越来越准确。这就会致使表述由多到数不清的分子或者原子组成的物体时，概率定律会极其适用，因为即便是我们遇到的最小的物质碎块，也是由数不清的分子或原子构成的。因此，对于六七个醉汉，每个人都走出二三十步的情况，概率定律只能求得一个大概的结果。但是对于每秒都经受几十亿次碰撞的几十亿个染料分子而言，概率定律却会求出极为精确的扩散定律。我们可以说：起先试管里溶解在一半水中的染料，在扩散过程中将会均匀地分布到整个液体里，因为这种分布方式比起先的分布方式拥有更大的概率。

同理，你坐着看这本书的这个房间里，四面墙之间、天花板之下、地板之上的整个空间中均匀地充斥着空气。你从来不会碰到空气突然自行聚集在房间的某一角落，以致在椅子上的你感到呼吸不畅的这种情况。不过，这件让人惊恐的事情也并非绝对不会发生，只不过它发生的可能极其渺茫。

为了可以解释清楚，假设有一个房间，被一个假想中的垂直平面分成了相等的两个部分。此时，空气分子最有可能以什么样的分布方式出现在这两个部分中呢？这个问题显然与之前讨论的投掷硬币的问题一样。随机选择一个单独的分子，它位于房间左半边或者右半边的机会是一样的，就好比投掷一枚硬币时，正面或者反面朝上的机会是相等的一样。

第二个，第三个，以及其他所有的分子在不考虑彼此间相互作用力的情况时[1]，处于房间左半边或者右半边的机会都是相等的。分子在房间两半边的这种分布方式，就与一大堆硬币的正反面的分布方式一样，一半对一半的分布方式拥有最大的可能性，早在图84中我们就见识到了这一点了。我们还看到，投掷的次数越多（或者分子的数目越多），50%的可能性就越来越精准，当数目足够大时，这种可能性就成了必然性。在一个标准大小的房间内，大约有10^{27}个分子[2]，它们同时聚集在左半边（或者右

---

[1] 气体分子间的距离很大，所以空间相对并不拥挤，在一定体积里，虽然已经存在了一定数量的分子，但是其他的分子仍有空间可以纳入。
[2] 一间10英尺宽、15英尺长、9英尺高的房间，体积就是1350立方英尺，或5×10^7厘米^3，那么可以容纳5×10^4克空气。空气分子的平均重量为$30\times1.66\times10^{-14}\approx5\times10^{-23}$克，所以总分子数就是$5\times10^4/5\times10^{-23}=10^{27}$。

半边）的概率是 $\left(\dfrac{1}{2}\right)^{10^{27}} \approx 10^{-3 \times 10^{26}}$，即 1 对 $10^{-3 \times 10^{26}}$。

另一方面，空气分子会以大约每秒 0.5 公里的速度运动，所以，从房间的一边运动到另一边只需要 0.01 秒。也就是说，每一秒钟内，房间里的空气分子会重新分布一百余次。于是，想要获得空气分子全部都在左边（或右边）的分布情况，就得等上 $10^{299\,999\,999\,999\,999\,999\,999\,999\,999\,998}$ 秒的时间。要知道，迄今为止，宇宙的年龄也不过才 10^{17} 岁。所以，还是静下心来读你的书吧，完全不必杞人忧天担心会被窒息。

再举个例子。桌子上放着一杯水。我们都知道，由于毫无规则可言的热运动，水分子会以很高的速度向各种可能的方向随意运动。但是，由于受到内聚力的束缚，水分子又不至于从杯子里逃走。

既然所有分子单独运动的方向的情况符合概率定律的规律，我们就可以考虑到存在这样一种可能性：在某个时刻，杯子上半部分的水分子都产生了向上运动的速度，此时杯子下半部分的水分子必然都会出现向下运动的速度[1]。这时候，在两部分水分子的分界处，内聚力的方向是水平的，因此无法阻止这种分离的趋势，所以，我们将看到一种前所未有的物理现象：上半部分的水会以子弹般的速度自发射向天花板！

另一种可能出现的情况是，水分子所有的热能都偶然间聚集在了水杯的上半部分，因此上半部分的水剧烈地沸腾了起来，但是水的下半部分却结了冰。那么，你为什么从未见过这种情况呢？这并非绝对不会发生，而是发生的概率极其的小！实际上，如果你试着计算下无规则运动的分子恰巧得到两种相反速度的概率，你就会得出和所有空气分子都聚集在一个角落概率相似的数字。同样，由于分子之间的碰撞致使一部分子失去大部分的动能，而一部分分子得到几乎所有能量的概率，也是微乎其微的。所以

---

[1] 要明白，根据动量守恒定律，所有分子同一方向运动的可能性并不存在，所以水分子一定是以相对的速度进行分布的。

我们现实中看到的情况，正是拥有最大概率的分布情况。

如果某个物理过程起初的时候，它的分子所处的位置或所有的速度并不是最大概率的情况，比如，从屋子角落释放出的气体、从冷水表面倒入热水。这样的话，就会发生一系列的物理变化，最终使得整个系统从低概率状态转变为最可能的状态。气体会均匀地扩散于整个房屋，水上层的热量会向下层传递，直至所有的水都处于同一温度。因此，可以认为：所有依靠分子无规则热运动的物理过程都会朝着概率增大的方向进行，当过程停止的时候，就到达了平衡的状态，也就是最大概率的情况。在屋内空气分布情况的那个举例中，我们可以看到，分子不同分布情况的概率大多是一些书写复杂的较小数字（如空气聚集在房屋一半的概率是 $10^{-3 \times 10^{26}}$），所以，我们一半都取它们的对数。这个数值就是我们所说的熵，它在所有无规则热运动相关的现象里都起到指向性的作用。现在，可以把上面描述物理过程中概率的变化情况改写成这样：一个物理系统中所有的自行变化，都会朝着使熵增加的方向进行，当达到最终的平衡状态，此时对应的熵为最大可能的值。

这就是大名鼎鼎的熵定律，也被称为热力学第二定律（第一定律是能量守恒定律）。看，这也并没有什么值得恐惧的东西啊！

从上面描述的所有例子里，我们可以看到，当熵达到了极大值的时候，分子所处的位置与所有的速度都是无规则地分布着的，任何想让它们的运动变得有序的行为都会导致熵的减小。所以，熵定律也被称为无序加剧定律。熵定律的另外一个较为实用的数学公式，在研究热能转化为机械运动的问题里可以推导出来。

我们都还记得，热就是分子的无规则运动，所以很好理解，把物体的热能全部转化为宏观运动的机械能，就相当于驱使物体中所有的分子都朝着一个方向运动。我们已经看到，一杯水其中一半自发射向天花板的可能性微乎其微地小，几乎可以认为是绝对不会发生的事情。因此，虽然机械的动能可以完全转化为热能（比如通过摩擦），但热能却永远不可能完全转化为机械能。这就排除了"第二类永动机①"存在的可能性即在室温下吸收物体的热量、降低物体的温度以得到能量来做功。因此，不可能制造出这样一艘船，它不需要烧煤，只需要把海水吸入机舱然后吸收它们的热量，就可以在锅炉里产生蒸汽，最后再把失去热量的冰块放回海里。

那么，现实存在的蒸汽机是如何既不违反熵定律，又同时让热能做功的呢？之所以可以同时满足这两点，是因为燃料在燃烧过程中释放的热能，只有一部分转化成了机械能，而其余大部分的热能要不是被废气带入了大气当中，要不就是被专门的冷却设备所吸收了。此时，整个系统有两种相反的熵变化：（1）一部分热能转化成了使得活塞运动的机械能，这时熵会减小；（2）其余热能从锅炉导入了冷却设备，这时熵会增大。熵定律表明，系统的总熵会趋向最大，所以，只要第二点比第一点大上一些就可以了。我们可以这样来更好地说明这个情况：在高6英尺的架子上，放着一个重5英磅的物体。依据能量守恒定律，这个物体不可能在没有外力作用的情况下，就自行升向天花板。但是，它却可以通过向地板丢弃自身的一部分，以此时释放的能量让其余部分朝上运动。

同理，我们可以让系统中的某部分熵减小，只要这时候在其余部分中用增大相应的熵来做补偿就可以了。换言之，对于一群无序运动的分子，如果我们不介意其中一部分变得更加无序的话，就可以让另外一部分变得更加有序。确实是这样的，在所有热机械以及其他很多情况下，我们就是这样处理的。

五、统计涨落

通过上一节的讨论，想必大家已经搞清楚了，熵定律以及相关的推论

①"第一类永动机"是指，不用提供能量就可以自行做功的机械装置。这也是违背能量守恒定律的。

都是建立在以数量庞大的分子为对象的基础之上的，也只有这样，所有基于概率论的推断，才几乎会变成绝对的事实。如果物质的数量较小，这种推测就不太准确了。

举例来说，如果把上节所举的例子里那个充满空气的大房间，变成边长都是百分之一微米长度的一个立方体空间，情况就大为不同了。事实上，由于这个立方体的体积是 10^{-18}，大概只包含了 $\dfrac{10^{-18} \times 10^{-3}}{3 \times 10^{-23}} = 30$ 个分子，所有它们全部聚集在一半空间里的概率就会变为 $\left(\dfrac{1}{2}\right)^{30} = 10^{-10}$。

而且，由于这个立方体的体积很小，分子改变混合形态的频数可以达到 5×10^{10} 次（速度为 0.5 公里每秒，距离只有 10^{-6} 厘米），所以，这个立方体空间每一秒钟里都可能会出现 10 次一半空的情况。至于在这个空间中，分子分处两边，但是两边数量不同的情况就更为普遍了。比如 20 个分子在一边，10 个分子在另外一边的情况，就会以 $\left(\dfrac{1}{2}\right)^{10} \times 5 \times 10^{10} = 10^{-3} \times 5 \times 10^{10} = 5 \times 10^{7}$，即每秒 5000 万次的频率出现。

所以，在较小的范围里，空气分子的分布与均匀分布相去甚远。如果可以把分子放大到足够大，我们就会看到，分子会不断地在某个地方快速地大量聚集，之后又散开，接着又会在其他地方再来次某种程度的聚集，这种效应被称为密度涨落，在很多物理现象里它都起着重要的作用。比如，当太阳穿过地球大气层时，大气层发生的这种不均匀的密度涨落就会让太阳光谱中的蓝色光发生散射，导致我们看到的天空是一片蔚蓝，与此同时，让太阳的颜色看起来比真实中更红一些。这种变红的效果在日落的时候会越发明显，这是因为此时阳光要穿过的大气层最为厚实。不过没有密度涨落现象，我们的天空就永远是一片漆黑，即使在白天也可以看得到星辰。

液体里同样也会发生密度涨落与压力涨落，不过不会那么明显。因此，布朗运动又获得了新的解释，即悬浮在水面的微粒之所以会被来回推操，是因为微粒所面临的来自四周的压力在快速变化的缘故。当液体温度越来越临近沸点的时候，密度涨落的情况就会越来越明显，所以液体看起来就会偏向乳白色。

我们忍不住会问，对于涨落占极大比重的较小物体，熵定律是不是还成立呢？小如一个细菌，一生都会被分子推来操去，它当然不会同意我们关于热不能转化为机械运动的观点。但是，我们也要明白，此时熵定律已经失去它本身的意义，而不应认为熵定律是错误的。实际上，这个定律的表述是：分子运动不能完全转化为包含有极大量分子的物体的运动。对于一个细菌而言，与周围分子相比，它的大小也大不了太多，对它而言，热运动和机械运动的区别其实已经难以界定了。它被周围的分子推来操去，就像一个人在群情激奋的人群中被挤得摇来晃去一样。假如我们就是细菌，那么，只要把自己连接到一个齿轮上，就可以组装出一台第二类永动机。不过此时，我们的大脑已经不复存在了，更不会想着要利用这种能量了。因此，我们大可不必为了自己无法成为细菌而遗憾。

当把熵的增加定律运用于生物体时，似乎就产生了冲突。实际上，生长的植物摄入简单的二氧化碳分子，吸收水分，并把它们合成复杂有机物分子以供自身使用。从简单的分子转变为复杂的有机物分子这个过程，就意味着熵的减小。在一般的其他情况里，比如燃烧木材时，把木材分子分解为二氧化碳和水分子，这个过程就是熵增大的过程。难道植物真的违反了熵的增加定律了吗？是不是植物体内真的如同过去的某些哲学家所认为的那样，存在某种神秘的力量帮助它们生长呢？

对这个问题进行的研究表明，这并不存在冲突。因为植物在摄入二氧化碳、水和某些盐的同时，还会吸收大量的阳光，而阳光里除了含有能量——它被植物储存在了体内，将来又可以通过燃烧进行释放——之外，还含有所谓的"负熵"（低熵），当植物的绿叶把光线吸入体内后，负熵就消失了。

所以，植物叶片中进行的光合作用会包含下面两个步骤：（1）阳光的光能转化为复杂的有机分子的化学能；（2）阳光的低熵降低植物的熵，让简单的分子转化为复杂的分子。用"有序与无序"的说法来表述就是：阳光被绿叶吸收时，绿叶内部的秩序会被夺走，传递给分子，让分子们可以组成更为复杂和有秩序的分子。植物从无机物界获得物质的供应，从阳光里得到负熵（秩序）。动物们靠着摄取植物（或其他动物）来获得负熵，所以可以说是负熵的间接使用者。

第九章　生命的密码

一、我们是由细胞组成的

在探讨物质结构的时候，我们故意略过了数量相对较少，但是却极其重要的一类物体。这类物体因为存在生命而与宇宙中其他的物体存在区别。生物与非生物之间有什么严重的区别呢？原来那些可以完美解释非生物各种性质的物理学基本定律，用来解释生命现象时有多大程度的可靠性呢？

在谈及生命现象时，我们通常会考虑一些比较大而且复杂的活物，比如一棵树、一匹马、一个人。不过，假如从这种复杂的生物体入手研究生物的基本性质，那就好比在研究无机物的结构时以汽车之类的复杂机械为对象一样，结果一定是徒劳无功的。

这么做会遇到显而易见的难处。一辆汽车是由材料、形状和物理状态各异的成百上千个零件组合成的。有些零件是固体（如钢制底盘、铜制导线、玻璃挡风等），还有一些组成是液体的（如散热器中的水、油箱里的汽油、气缸中的机油等），还有一些组成是气体（如由汽化器输入气缸中的混合气）。因此，在解析汽车这个复杂物时，首先得把它分解成物理性质相同的分离部件。如此一来，我们就可以知道，汽车是由各种金属（如钢、铜、铬等）、各种非晶体（如玻璃、塑料等）以及各种均匀的液体（如水、汽油等）组成的。然后，我们可以用各种物理研究的方法来进行进一步的分析，从而可以得知，铜制部件是由小粒的晶体构成的，每粒晶体又由数层铜原子有规则地刚性连接叠加而成；散热器中的水是通过无数松散的水分子聚集而成的，每一个水分子又由一个氧原子和两个氢原子组成；由汽化器阀门进入气缸里的混合气体，是由无数的高速运动的氧分子、氮分子和汽油蒸气分子混合而成的；汽油分子又由碳原子和氢原子结合而成。

同理，在分析如人体这样复杂的活生生的机体时，我们也得先把它分解成单独的器官，如大脑、心脏、胃脏等。然后再把它们分解成各种生物学中称为单质的东西，也就是我们通常所说的"组织"。

多种多样的组织，可以说是构成复杂生命体的材料，就如同是用各种物理单质拼装出了机械装置一样。从这个角度来看，依据不同组织的性质来研究生命体作用的解剖学和生物学，与依据不同物质的力学、磁学、电学等方面的性质，来研究这些物质可以组成不同作用的机械的工程学，何其相似。

因此，只是搞清楚了各种组织是如何组成复杂机体的，还不足以揭开生命的奥秘，我们一定要弄清楚，机体中组织的一个个最基本的单位，是如何牢固地组合在一起的。

如果你以为，可以把活着的单一的生物组织看作是普通的物理单质，那可就大错特错了。实际上，随便选取一种组织（皮肤组织、肌肉组织、脑组织等）用低倍显微镜观察就会发现，这些组织里包含着许多更小的单位。这些小单位的性质会或多或少地塑造这个组织的性质（图90）。生物的这种基本组成单位一般被称为"细胞"，也可以称为"生物原子"（同"不可再分者"），也就是说，各种组织的生物学特征至少要有一个单位细胞才可以得以保持。例如，把肌肉组织切割为半个细胞的大小，它就会完全丧失肌肉所具备的收缩性以及其他性质，就如同半个镁原子就不再拥有镁的性质一样[①]。

植物组   肌肉组   脑组织
织细胞   织细胞   细胞

图 90　不同类型的细胞

构成组织的细胞非常小（平均只有百分之一毫米[②]粗细），平常的植物和动物都是由巨量的细胞组成的，比如，组成一个成年人的细胞数可达几百万亿个！

个头较小的生物体，细胞总数也会少一些。比如一只苍蝇，一只蚂蚁，最多也不过几亿个细胞。还有很大的一类单细胞生物，比如阿米巴真菌（可以引起"金钱癣"）以及各种细菌，它们都是由单独一个细胞构成的，不过只有用高倍显微镜才能看到。对这些在复杂生命体中占有显赫地位的单独活细胞进行研究，是最让人感到兴奋的生物学内容之一。

为了整体性地了解生命问题，我们一定得对活细胞的结构和性质做出解释。

是什么性质导致了活细胞和普通无机物或者死细胞，如制作书桌的木材、制成鞋子皮革中的细胞的不同呢？

活细胞有下面几个特殊的基本性质：（1）可以从周围物质中汲取所需的成分；（2）可以把这些成分转化为供给自身生长的物质；（3）当体

[①]原子机构那一章我们讨论过：一个镁原子（原子序数 12，原子量 24）的原子核有 12 个质子和 12 个中子，核外环绕着 12 个电子。要是把镁原子对半分，就会得到两个新原子，每个原子有 6 个质子、6 个中子和 6 个电子，也就是碳原子。

[②]有的细胞很大，比如，鸡蛋的整个蛋黄就是一个细胞。但是，细胞中有生命的部分仍旧是很小的只有显微尺度的地方，其余部分，比如鸡蛋黄色的物质，只不过是储存着的胚胎发育所需的养分。

积达到一定的程度时，活细胞可以分裂成两个与原细胞性质相同但体积小一半的细胞（每个新细胞仍然可以成长）。由单个细胞构成的复杂机体，毫无疑问也具有"吃""长""生"这三种能力。

喜欢挑刺的读者可能会反驳说，普通的无机物中也存在这三种能力。比如，在饱和的食盐水①里扔入一小粒食盐，它的表面就会"长"出一层从溶液里吸取（准确地说是从溶液里被赶出来的）的食盐分子。我们还可以继续假想，当这粒晶体"长"到一定的大小时，会因为某种机械效应，比如重力的增加而断裂成两半；此时断裂出的"子晶体"还可以继续生长。这难道不是生命现象吗？

回答这类问题的时候，首先要明白，假如只是把生命现象当作是比较复杂的普通物理或者化学现象的话，那么生物与非生物之间的界限就会非常模糊。就像我们在用统计定律描述大量的气体分子的运动状况时，难以确定统计定律适用范围的界限一样。实际上，我们明白，至少充满一大间屋子的气体不会突然地自发聚集在房间里的某个角落，这种可能性几乎小到不会存在；不过我们也可以想象，假如房间里只有两个、三个，或者四个分子，那么这种集中的情况就会经常性地发生。

但是，我们可以明确知道这两种迥异的情况的分子数量的分界点吗？是 1000 个分子，100 万个分子，还是 10 亿个分子呢？

同样的，在涉及诸如食盐在水溶液中的结晶与活细胞的生长分裂现象这些情况的时候，也不要期望可以找到一个明确的界限。生命现象虽然比结晶这类简单的分子现象要复杂得多，但从本质上来说，并没有什么区别。

不过，对于上面那个举例，我们倒是可以这样解释：晶体在溶液里

---

① 下面是饱和食盐水的制备方法：在热水中加入大量的食盐，然后把水冷却到室温。由于水的溶解度会随温度的降低而减小，那么此时水中就含有了超过溶解度的过量的食盐分子，并且这种状态可以保持很久。当扔进去一块小盐粒时，它就提供了动力，导致食盐分子从溶液中跑了出来。

生长的过程，只是把"食物"毫不处理地收集了过来，不过是原来与水混合在一起的食盐分子简单地聚集到晶体表面罢了，这只是物质机械式的单纯的增减而已，并不是生物化学范畴的吸收；晶体颗粒的偶然断裂也只是重力的作用造成的，而且分裂碎块的大小毫无规律可言。这与活细胞由于内部作用力所导致的连续精准地分裂成两个细胞的情况毫无相似之处。所以，并不可以把它看作生命现象。

再来看下面的这个例子，它与生物学的过程更加相似。假如在二氧化碳水溶液里加入一个酒精分子（C_2H_5OH）之后，这个酒精分子可以自动把水分子和二氧化碳分子合成一个新的酒精分子[①]，那么，只要我们在苏打水里加入一滴威士忌，那就可以把苏打水全部变为单纯的威士忌酒了。这下，酒精就像有了生命一样了！

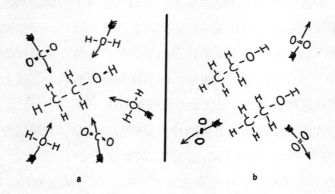

图 91　假如一个酒精分子可以把水分子与二氧化碳分子
结合成新的酒精分子的话，就会是这样的

这个例子并不是完全虚构的，在后面我们可以看到，的确存在一种被称为病毒的复杂的化学物质，它复杂的分子（由几十万个原子组成）就可以从周围环境中摄取分子，把它们加工成与自己相同的分子。这些病毒既

---

① 这个假想的化学方程是：$3H_2O + 2CO_2 + C_2H_5OH = 2（C_2H_5OH）+ 3O_2$。

应该被认为是普通的化学分子，也应该被认为是活的机体，所以它们就是连接生物与非生物的中间节点。

　　不过现在，我们还是回到普通细胞的生长与分裂的问题中来，因为尽管细胞结构复杂，但它仍然是最简单的活机体。

　　用一架精良的显微镜可以观察到，一个典型的细胞是一种具有极其复杂化学结构的半透明胶状物质，这种物质一般被称为原生质。原生质外面被一层细胞壁包裹着，在动物细胞中这个细胞壁是一层又薄又软的膜，在植物细胞中这个细胞壁则是一层可以让植物获得一定强度的又厚又硬的墙（如图90）。每一个细胞中都含有一个较小的球状物，被称为细胞核，它是由外形看起来就像是网一样的被称为染色质的物质构成的（如图92）。

　　要注意，正常情况下，细胞中原生质的各部分的透光率都是相同的，所以难以直接在显微镜下观察到活细胞的细胞结构。想要观察到细胞的结构，我们得给细胞进行染色，原理是原生质各部分吸收染料的能力不同。原子核细密的网可以很好地吸收染料，所以可以在浅色背景中很突出地显示出来[1]。"染色质"（即"吸收颜色的物质"）的名称就是因此而来。

　　当细胞即将开始分裂时，细胞核的网状组织会与往常大不相同，变成了一组丝状或者纺锤状的东西（图92b和92c），它们被称作"染色体"（即"吸收染色的物体"）。详情见版图V的a和b[2]。

　　任意的物种，体内所有的细胞（生殖细胞除外）都含有相同数目的染色体；而且正常来说，越是高级的生物，染色体的数目也就越多。

　　不起眼的果蝇曾经极大地帮助了生物学家们对生命奥秘的探索，它的每个细胞里都含有8条染色体。豌豆里有14条染色体，玉米里有20条染

---

[1] 用白蜡在纸面写字时字迹也不显示，但是若用铅笔进行涂抹，由于白蜡覆盖的位置上不会沾染石墨，所以字迹就可以在这张被涂成黑色的背景上显示出来。它们的道理是相同的。
[2] 要注意，给细胞进行染色通常会杀死细胞，所以无法观察到细胞的活动。而图92中所示的细胞分裂，并非是通过观察活细胞得出的，而是通过给不同发展阶段的细胞进行染色，然后通过连续的观察得出的结果。本质上来看，两者是等效的。

色体。包括物理学家在内的我们所有的人，细胞中都含有 46 条染色体。看起来我们可以拥有一些自豪感了，因为这个数据证明了人比苍蝇优越 6 倍。但是蛤蜊的细胞中却有 200 条染色体，是人的 4 倍还要多，所以，看来这还是不能一概而论的啊！

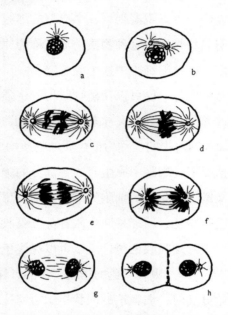

图 92　细胞分裂的各个阶段（有丝分裂）

　　更重要的是，所有物种的细胞内染色体的数目都是偶数，并且几乎是构成完全相同的两套（版图 Va，本章中还会介绍例外的情况），一套源自父本，一套源自母本。来自亲本的这两套染色体，决定了所有物种的复杂的遗传性质，并且会一直遗传下去。

　　细胞的分裂是以染色体为起点的：每条染色体先顺着长的部分整齐地分裂成较细的两根。此时，细胞体仍然可以看作一个整体（图 92d）。

　　当这团缠结的染色体逐渐变得整齐，并且要进行分裂的时候，有两个处于细胞核外缘，并且互相距离很近的中心体开始逐渐远离，移动到细胞的两端（图 92a，b，c）。这过程中，分离的中心体与细胞核内的染色体之间有细线相连。当染色体彻底分开后，每一半都会被收缩的细线拉向相应的中心体（图 92e，f）。分裂过程的尾声（图 92g），细胞膜（壁）会沿着中线凹进去（图 92h），两边凹面都会长出一层薄膜（壁），把细胞分离出两个各有一半大小的部分，这样，就出现了两个互相分离的新细胞。

如果这两个子细胞可以从外界获得充分的给养，它们就可以长成上一代的大小，然后经过一定的时间，又会以相同的方式进行再一次的分裂。

关于细胞的分裂，我们只能说出如上的步骤，这都是基于直接观察的结果。至于要如何科学地解释这些步骤，就因为对各种相应的物理和化学作用力的本质知之甚少，至今难以给出解答。想对细胞整体做出物理分析，似乎它的结构还是太过复杂，所以，在分析细胞之前，最好还是先搞清楚染色体的本质。这还相对容易一点，我们下一节就会讲到。

不过，要是可以先把由大量细胞构成的复杂生物的繁衍过程搞清楚，会很有帮助。这里可以提一个这样的问题：是先有的蛋呢，还是先有的鸡呢？其实，在这种无限循环的过程里，不管是先从会下蛋的鸡开始，还是先从能孵鸡的蛋开始，情况都是相同的（其他的动物也是这样）。

我们就以刚被孵出的小鸡为开始吧。一只孵化了的小鸡，是经过一系列连续的分裂成长而来的。我们还记得，一个长成的动物体是由上亿个细胞组成的，而它们全都是以一个受精卵细胞为源分裂而来的。猛地一看，你可能会以为这个过程要持续好多代才可以办到。但是，如果大家还记得我们在第一章讲过的问题，就那个西萨·班向"愚蠢"的国王索要成几何级数的 64 堆麦粒的故事，或者是来回移动计算世界末日的 64 叶金片所要的时间问题，就可以知道，只需要为数不多次的分裂，就可以产生相当数量的细胞。如果用 X 表示一个细胞分裂成成年人所有的细胞所需的分裂次数，因为每次细胞分裂都可以使细胞数目加倍（每个细胞都会分裂成两个），所以可以推出下面的算式：$2^x=10^{14}$，最后求出 X=47。

所以，我们身体里的每一个细胞，大约都是那个致使我们存在的卵细胞的第五十代后裔[①]。

动物在幼年的时候，细胞分裂会进行得很频繁，但是生物体成熟之后，体内大多数的细胞通常处于"休眠状态"，只是偶尔会进行分裂，来补充由于内外损耗所造成的细胞数量的减少，以达到"收支平衡"。

现在，我们来探讨一类特殊细胞的分裂，即负责繁殖的"配子"（又称"婚姻细胞"）的分裂过程。

具有两性的各种生物体，在早期阶段，都会另外把一批细胞"储存起来"，用以将来繁殖。这些位于负责生殖的生殖器官内的细胞，只在器官自身成长时进行几次普通的分裂，分裂的次数与其他器官中细胞分裂的次数相比要小上很多，因此，当这些细胞用于产生下一代的时候，仍然具有旺盛的生命力。此时，这些生殖细胞开始进行分裂，不过是以另一种比上述分裂过程更为简单的方式进行：构成细胞核的染色体不会像普通细胞那样一劈为二，而是会简单地相互分开（图93a，b，c），从而让每个子细胞都可以得到原来染色体的一半。

普通的细胞分裂被称为"有丝分裂"，而这种产生"部分染色体"细胞的分裂方式被称为"减数分裂"。这种分裂方式产生的子细胞被称为"精子细胞"和"卵细胞"，又或者称为"雄配子"和"雌配子"。

[①] 把这个算式与计算结果与第七章中决定原子弹爆炸的公式进行比较，会发现个有趣的事情。要让一个公斤铀的所有原子（共 2.5×10^{24} 个）都进行裂变，需要进行的次数可以由类似的算式 $2^x = 2.5 \times 10^{24}$ 得出，经计算，x=61。

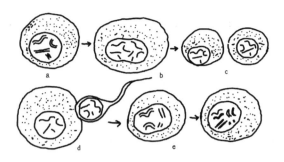

图 93 配子的生成（a，b，c）和卵细胞的受精（d，e，f）。在第一阶段（减数分裂），所储备的生殖细胞未经劈裂就分成两个"半细胞"；在第二阶段（配合），精子细胞钻入卵细胞。它们的染色体配合起来，这个受精卵从此开始进行图 92 那样的正常分裂

心细的读者可能会有个疑惑：生殖细胞会分裂成两个相同的部分，那为何会产生雌、雄两种配子呢？原因是这样：我们前面说到的那两套几乎完全相同的染色体中，存在一对特殊的染色体，雌性生物体内它们是相同的，但是在雄性生物体内它们是不同的。这对特殊的染色体被称为"性染色体"，分别用 X、Y 两种符号来表示。雌性生物体的细胞只有两条 X 染色体，而雄性生物体的细胞却拥有 X、Y 染色体各一条[①]。一条 X 染色体与 Y 染色体的不同，就是性别不同的根本原因。

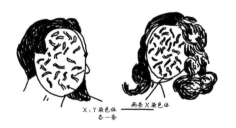

图 94 男子和女子"面相"是不同的。女子的所有细胞都含有 23 对染色体，男子却不同。其中一对含有一条 X 染色体与一条 Y 染色体。但这一对在女子中，就两条都是 X 染色体

[①] 这种情况适用于人类以及所有的哺乳动物，但是鸟类不行，它们刚好与此相反，比如公鸡就有两条相同的染色体，而母鸡却有两条不同的。

由于在雌性生物的生殖器官内，所有的细胞都有一对 X 染色体，所以在减数分裂的过程中，每个配子都会得到一条 X 染色体。但是每个雄性的生殖细胞却有 X、Y 染色体各一条，所以在它们分裂出的两个配子里，一个中含有 X 染色体，另一个中含有 Y 染色体。

在受精过程中，一个雄配子（精子细胞）会和一个雌配子（卵细胞）进行结合，此时，就可能会产生含有一对 X 染色体的细胞，也可能会产生含有 X、Y 染色体各一条的细胞，这两种情况产生的机会是相等的。前一种会发育为女孩，后一种会发育为男孩。

这个重要的问题我们会在下一节细讲，现在还是接着讨论生殖的过程。

精细胞和卵细胞的结合，被称为"配子配合"，此时会得到一个完整的细胞，之后它就开始按照图 92 中画的那种"有丝分裂"的方式一分为二。新产生的这两个细胞在经过短暂的休整之后，又会各自再分为二，之后这四个细胞又会各自继续分裂。如此一直进行下去，每个子细胞都会得到一份来自受精卵中染色体的精确的复制品。所有的染色体都有一半是来自父体，另一半是来自母体。图 95 缩略地画出了受精卵逐步发育为成熟个体的过程了。

在图 95a 里，我们看到的是精子进入休眠的卵细胞体内的过程。这两个配子的结合促使整个完整的细胞开始进入新的活动状态。它先会一分为二，然后是二分为四、四分为八、八分为十六……（图 95b，c，d，e）当细胞数目达到相当程度的时候，它们就会排列为肥皂泡状，每个细胞都分布于表面之上，以便从周围获取营养物质（图 95f）。下一阶段，细胞会向内部空腔里凹陷进去（图 95g），进入"原肠胚"阶段。此时，它看起来像个小荷包，荷包口兼顾进食与排泄两种功能。珊瑚虫之类的动物的发育就只到这个阶段，而进化更为先进的物种就会继续生长于变形。一部分细胞会分化为骨骼，另一部分细胞会分化为消化、呼吸和神经系统。在经历胚胎发育的各个阶段后（图 95i），最终发育成了可以分辨出种属的生物（图 95k）。

前面我们提到，在发育的机体内，有一些细胞在发育的早期阶段，就可以认为是被搁置在一旁了，保存起来用以繁殖。当机体发育成熟后，这些细胞又会经历减数分裂、产生配子、再次重复上述过程的过程，生命就是这样被延续下来的。

二、遗传和基因

在生殖过程里，最引人注意的是，源于双亲的两个配子发育出的新生命，不会生长为任何其他的生物，它一定会成为自己先祖的复制品，虽然不是完全相同，但也大致忠于"原版"。

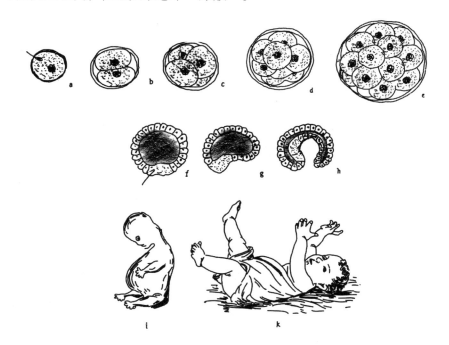

图 95　从卵细胞到人

实际上，我们坚信，一对爱尔兰赛特猎犬生出的狗崽，不会长成一头大象或一只兔子的模样，也不会长成大象那般巨大，或者长成兔子那般小巧。它生来就会是一副狗相：有四条腿、一条长尾巴，脑袋的两边各有一只耳朵和一只眼睛。同时我们还能极有把握地预言，它的耳朵会软软地耷拉着，它的毛会很长，而且是金棕色的，它一定会很喜欢打猎。除了这些，它的身上一定还有许多细微的地方保留着它的父母，甚至是老祖宗的特点。不过，它也一定有很多自己独特的地方。

这些所有的良种赛特猎犬才具有的特征，是如何被赋予到用显微镜才能看得见的配子中去的呢？

我们已经知道，每个诞生的新生命都会从自己的父母那里得到半数的染色体。很显然，整个物种都具备的共性，一定在父母双方的染色体里都含有，而单独个体拥有的特质，一定是从单方面获得的。而且，尽管我们可以相当的肯定，在长期的繁衍过程里，在很多代之后，各种动植物的多数基本性质都可能会发生改变（物种进化就是例证），但是在有限的时间里，人类只能察觉到那些次要的特性发生的微小变化。

研究这些特性以及它的世代变化，是新兴的基因学的主要课题，虽然这门科学还处于萌芽状态，但是已经为我们揭开了一些令人惊喜的生命深处的隐秘故事。比如我们已经知道，遗传的方式就如同数学定律那般简洁明了，这就与研究绝大部分生物现象所表现出的大不相同，因此也可以说明，我们研究的正是生命现象的最基本部分。

接下来就用我们都知道的色盲这种人眼缺陷来做例子讨论一下。最常见的色盲是红、绿色盲。想要弄清楚色盲的本质，就要先知道我们为什么可以看得到颜色，所以又要去研究复杂的视网膜的结构和性质，还得了解不同的光波会引起什么样的化学反应，等等。

如果再追问到关于色盲的遗传这个问题，看起来似乎比解释色盲本身还要更为复杂。可是，答案却出人意料的简单。通过直接的统计数据可以看到：（1）患色盲症的男性远远多于女性；（2）患色盲症的父亲与"正常"的母亲不会产出患色盲症的孩子；（3）"正常"的父亲与患色盲症的母亲会产出患色盲症的儿子，但不会产出患色盲症的女儿。通过这几点可以明显看到，色盲症的遗传一定与性别有某种关系。只要假设色盲症的产生原因是一条染色体出了问题，而且这条染色体会逐代相传，我们就可以通过逻辑推断得出进一步的假设：色盲症是由 X 染色体内的某种缺陷导致的。

以这一假设为出发点，从统计中得出色盲症的规律就像白天一样清楚。我们都还记得，雌性的细胞内有两条 X 染色体，而雄性的细胞中只有一条（另一条为 Y 染色体）。假如男性细胞中的这唯一一条 X 染色体有色盲缺陷，那么他就会患色盲症；而女性只有在两条 X 染色体都出了这种缺陷时才会患色盲症，因为只要一条染色体就可以让她获得感知颜色的能力。

如果 X 染色体中存在色盲缺陷的概率是千分之一，那么，1000 个男性当中就会有一个色盲症患者。同样可以来推算，女性中两条 X 染色体都存在色盲缺陷的可能性符合概率乘法定律，即为

$$\frac{1}{1000} \times \frac{1}{1000} = \frac{1}{1\,000\,000}$$

也就是说，一百万个女性中，才有可能会发现一名先天的色盲症患者。

我们来思考下患色盲症丈夫与"正常"的妻子（图 96a）的情况吧。他们的儿子会从母亲那里接受一条无缺陷的 X 染色体，但不会从父亲那里接受 X 染色体，所以他不会患色盲症。

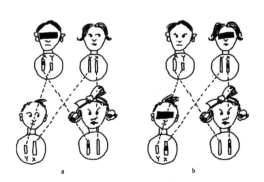

图 96　色盲症的遗传

而另外，他们的女儿会从母亲那里获得一条无缺陷的 X 染色体，但会从父亲那里获得一条有缺陷的 X 染色体。不过，她不会患色盲症，但是她将来的孩子（儿子）可能会患色盲症。

在丈夫"正常"但是妻子色盲（图 96b）这种情况下结果就是相反的，他们儿子的唯一的 X 染色体必定来自母亲，所以一定会患色盲症；不过女儿会从父亲那里得到一条无缺陷的 X 染色体，从母亲那里得到一条有缺陷的 X 染色体，所以不会患色盲症。但和前面的情况相同，她的儿子有可能会患色盲症。这是多么的清晰啊！

像色盲症这种需要一对染色体全都发生改变才可以表现出某种症状的遗传性质，被称为"隐性遗传"。它们可以在很隐蔽的情况下，从祖父、外祖父遗传给孙子、外孙一辈。有些偶然的情况，两只纯正的德国牧羊犬会生出一只极不纯正的狗崽，就是上述原因造成的悲剧。

还存在与上述方式相对应的"显性遗传"，那就是在一对染色体中只要有一条发生了变化就会显现出来。这里我们先脱离基因学的实例，用一种假想的怪兔来阐释这种遗传。这种怪兔生来就长着一对米老鼠式的耳朵。如果假设这种"米式耳朵"是一种显性遗传的性质，也就是说，只要一条染色体发生了变化，兔子的耳朵就会长成这种不伦不类的样子，我们就可以预言这种兔子的后代会长成如图 97 所示的样子（假设怪兔及其后代都与正常兔子交配）。图中用一块小黑条标出了那条不正常的染色体。

除了显性遗传与隐性遗传这两种非黑即白的遗传特性以外，还有一种被称为"中间型"。假如我们在花圃里种植一些开红花和开白花的草茉莉，那么，当红花的花粉（植物的精子细胞）被风或者昆虫授到另一株红花的雌蕊上时，它们就会与雌蕊根部的胚珠（植物的卵细胞）结合，并发育成种子。将来这些种子仍然会开出红花。同理，白花与白花结合出的种子，仍然会开出白花。但是，如果白花的花粉授到了红花的雌蕊上，或者反过来，如此得到的种子将会开出粉红色的花。很明显，粉红色的花并不是一种稳定的生物学品种。如果在它们之间授粉，下一代将会有 50% 的概率为粉红色花、25% 概率为红色花、25% 概率为白色花。

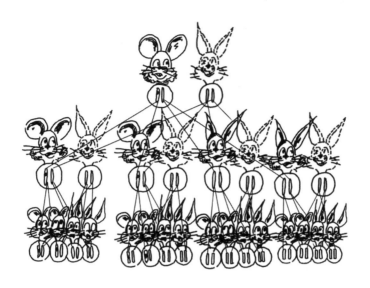

图 97

对于这种现象，只要假设花朵的红色或白色的性质，是关联在这种植物细胞内的一条染色体上的，就可以很好地得到解释。假如两条染色体一样，花的颜色就会表现为纯白或者纯红；假如其中一条体现红色，而另一条体现白色，这两条染色体斗争的结果，就是开出粉色的花朵。图 98 画出的就是"颜色染色体"在子代茉莉花中的分布情况，从中我们可以看到前面所说的那种数值比例。按照图 98 的形式，我们可以很容易地画出，在白色和粉色茉莉结合出的下一代中，会含有 50% 的粉花与白花，但是不会有红花。同样，在红色与粉色茉莉结合出的下一代中，会有一半的红花一半的粉花，但是不会有白花。这就是遗传定律，是 19 世纪的时候，孟德尔在种植豌豆的时候发现的。孟德尔是一位在布鲁恩的寺院里的塞拉维亚教派的和蔼僧侣。

直到目前，我们已经把新生后代继承到的性质与它们双亲的不同的染色体建立了联系。不过，生物性质的种类多得难以数清，相对而言染色体的数目又太过稀少（果蝇 8 条、人类 46 条），所以我们必须假设每一条染色体会携带大量的性状才可以。因此，可以假设这些性状是沿着染色体的丝状形体分布的。实际上，只要看下版图 Va 所拍摄的果蝇唾液腺体的染色体[①]，就不难联想到那些横向分布的一层层暗黑条纹为各种性状的承载之处。其中一些条纹控制着果蝇的颜色，另一些会决定果蝇翅膀的形状，还有一些会分别决定果蝇要有 6 条腿、1/4 英寸左右长短，并且让它看起来像是一只果蝇，而不会是一条蜈蚣或者一只小鸡。

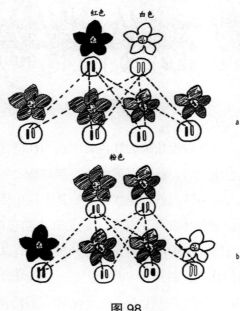

图 98

实际上，基因学告诉我们，这种联想是正确的。我们不但可以证明染色体上的这些微小的组成单元，即"基因"本身承载着各种遗传性质，而

---

① 相对于大多数生物，果蝇的染色体要大很多，因而进行显微镜摄影较为容易。

且通常还可以指出其中不同的基因会决定什么具体的性状。

不过，即使用倍率最大的显微镜来观察，所有基因的外表看起来都几乎一样，它们的不同功能一定是潜藏在分子结构内部的某个地方。因此，想要知道每个基因存在的意义，就得仔细研究动植物在逐代繁衍中不同性质的遗传方式。

我们已经知道，每个新诞生的生命都会从父母那里各获得一半数目的染色体，并且父母的染色体又分别是由他们的父母的各一半染色体组成的，我们可能会想到，这个新诞生的生命从祖父或者祖母、外祖父或者外祖母那里，只能分别得到其中一人的遗传信息。不过事实并不一定是这样的，有时候祖父、祖母、外祖父、外祖母会把自己的某些特质遗传到自己的孙辈。

这是否与上述的染色体遗传规律相违背呢？并没有，遗传规律并没有出错，这种情况很好解释。我们一定要考虑到这样一种情形：在存储起来专供生殖的生殖细胞准备进行减数分裂变成两个配子的时候，成对的染色体往往会发生纠缠，造成组成部分的交换。导致来自父母的基因混杂变化的交换过程如图99a、b所示，这就是混合遗传的原因。还有另外的情况：一条染色体自身弯曲成一个圈，然后从不同的地方断裂，从而导致基因序列的改变（图99c、版图Vb）。

显然，两条染色体的部分交换以及一条染色体的序列改变，极有可能导致本来相距很远的基因距离变近，而本来相邻的基因相互分开。这就好比给一副扑克卡几张牌，虽然只是分开了一对相邻的牌，却会改变整副牌上下两部分的相对位置。

因此，如果某对遗传性质在染色体发生改变的时候，依旧是一起发生或一起消失，那么我们就可以断定，它们所对应的基因在染色体上应该离得很近；反过来说，如果性质是经常分开出现的，它们所对应的基因应该处在染色体中相距较远的不同位置上。

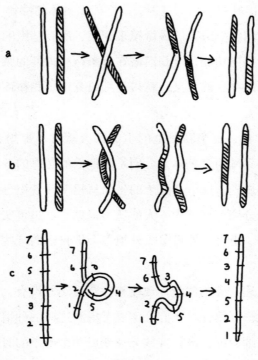

图 99

美国基因学家摩尔根和他领导的学派沿着这个方向进行研究，并且排列出了他们的研究对象果蝇的染色体中各种基因的固定次序。图 100 就是通过这种研究方法列出的果蝇四条染色体的基因位置的图表。

如图 100 这样的图表，当然可以把人和动物这些复杂的对象编织出来，不过这种研究的工作要更加细致与谨慎。

三、活着的分子——基因

在对活机体的复杂结构抽丝剥茧的研究之后，似乎我们现在已经碰触到了生命的基本单元。实际上我们可以看到，活机体的整个产生过程以及发育成熟后所具有的所有性状，都是由潜藏在细胞内部的一组基因控制的。我们大可以这样说，每一个动物与每一株植物，都是依据其基因生长的。如果大致做个比喻，可以说，活机体与基因之间的关系，就像大块无机物与构成它的原子的原子核之间的关系。所有物质的一切物理性质与化学性质，都可以归结到用一个数字表示其电荷数的原子核的基本性质上去。比如，带有 6 个基本电荷单位的原子核，会在周围聚集 6 个电子；拥有这种结构的原子会倾向于排列成正六面体，变成硬度与折射率极高的物质，即金刚石。再比如分别带有 29 个、16 个和 8 个电荷的一些原子核，它们会形成一些紧密相连的原子，组成那种被称为硫酸铜的浅蓝色的物质。当然，活的机体，即便是最简单的种类，都远远超过任何晶体的复杂程度，不过，它的每个宏观部分，完全都是由微观上进行组织的活性中心决定的。以这个典型的特征来讲，二者是相通的。

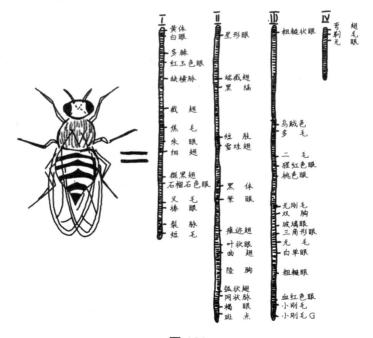

图 100

这些决定生物所有性状（从玫瑰的香味到长鼻子的大象）的组织中心到底有多大呢？这个问题很简单：用染色体的体积，除以它所包含的基因数目。根据显微观测，一条染色体的平均直径为千分之一毫米，所以，它的体积是 10^{-14} 立方厘米。实验表明，一条染色体所能决定的遗传性质可达几千种之多，这可以通过统计果蝇那条大染色体上横着排列的条纹（单个基因）[①] 的个数直接得到。用染色体的总体积除以独立基因的总个数，会求得基因的总体积不会超过 10^{-17} 立方厘米。而原子的平均体积约为 10^{-23} 立方厘米，$[\approx(2\times10^{-8})^3]$，所以可以得出结论：每个单独的基因一定是由约 100 万个原子构成的。

我们还可以计算出基因的重量来。以人为例，我们都知道，成年人体内约有 10^{14} 个细胞，每个细胞含有 46 条染色体，所以，人体内染色体的总体积约为 $10^{14}\times46\times10^{-14}\approx50$ 立方厘米，重量大概不到两盎司（人体的密度与水相近）。就是这些重量不值一提的"组织物质"，可以在它们周围构筑起复杂的、比自己重几千倍的动植物体的"包装"来。就是它们从最深层的地方决定着生物每一步的生长和每一处的结构，甚至控制着生物绝大部分的行为。

不过，基因的本质又是什么呢？它会不会也是可以被继续细分为更小生物学单位的复杂"生物"呢？答案是绝对不是！基因是构成生命的物质的最小单位。更确切地说，我们除了确定基因具有一切的生命特性，与非生物不同之外，现在我们也不否认它们同时还与遵守一般化学定律的分子（如蛋白质）有关。

换句话来说，有机物与无机物之间的界限（即本章开篇所谈的"活分子"），似乎就存在于基因之中。

一方面，基因具明显的稳定性，能够使物种的性质遗传千余代而不产

---

① 通常染色体都极小，难以用显微镜辨别出单个的基因。

生任何变化；另一方面，相对而言，构成一个基因的原子数并不是很多，因此，的确可以把它视为设计精妙、每个原子或原子团都按预定位置排列的一种结构。不同的基因具有不同的性质，外部表现就是会产生不同的器官。这种现象被认为是基因结构中原子分布的变化所造成的。

我们来看一个简单的例子。TNT（三硝基甲苯）是一种在两次世界大战中都起到重要作用的爆炸物，它的分子是由 7 个碳原子、5 个氢原子、3 个氮原子和 6 个氧原子按照如下方式排列而成的：

这三种排列方式的不同之处在于 N 原子团与碳环连接方式的不同。由此可以得到三种物质，分别被称为 α TNT， β TNT 和 γ TNT。这三种物质都可以在实验室中制得，而且都具有爆炸性。不过在密度、溶解度、熔点和爆炸威力等方面，它们稍有不同。通过标准的化学手段，我们可以很轻松地把 N 原子团从一个连接点转移到同一分子的其他连接点上，从而把一种 TNT 转化为另一种。这种例子在化学中非常普遍，分子越大，可以得到的变形体（同分异构体）也就越多。

如果把基因看作由一百万个原子构成的巨大分子，那么，在这个分子的不同位置上安置各种原子团所会形成的情况数，就多到难以计算了！

我们可以把基因想象成由周期性重复的原子团组成的长链，上面附着着其他各种原子团，就像在手镯上接入挂坠一样。近年来，生物化学已经发展到可以准确描绘出遗传"手镯"样式的程度了。它是由碳、氮、磷、氧和氢等原子构成的，被称为"核糖核酸"。在图 101 中，我们以超现实主义的绘画手法，画出了一部分（省去了氮原子与氢原子）决定新生儿眼睛颜色的遗传"手镯"。图中的四个挂坠表明新生儿的眼睛是灰色的。把这些挂坠随意转换位置，就可以得到几乎数之不尽的分布情况。

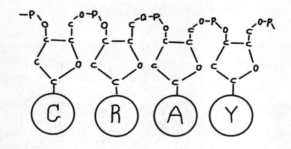

图 101　决定眼睛颜色的遗传"挂坠"（核酸分子）的一部分（简化图）

比如，假如一个遗传"手镯"上有 10 个不同的挂坠，那就会有 $1 \times 2 \times 3 \times 4 \times 5 \times 6 \times 7 \times 8 \times 9 \times 10 = 3\,628\,800$ 种排列方式。如果有一些挂坠是相同的，那排列方式就会少一些。如果上面的 10 个挂坠成对相同（一共 5 种），那就会产生 113 400 种不同的排列方式。但是，当挂坠的总数增多的时候，排列方式的数目就会迅速增加。比如，当挂坠有 5 种，每种有 5 个（共 25 个）时，就可以产生 6233×10^{10} 种排列方式！

所以可以看出，既然较大的有机分子中，不同的"挂坠"在各个"挂钩"上产生的分布方式的数量如此巨大，那就不仅可以满足生物一切现实中变化的需求，而且即便是我们想象中的最不现实的生物，这个数量也足以满足了。

对于这些沿着丝状基因分子排列的、决定生物性状的挂坠来说，有很重要的一点是，它们的分布方式有可能会自己发生改变，从而导致整个生物体在宏观上产生相应的变化。导致这种改变的原因通常是热运动。热运动会让整个分子的形体如大风中来回弯曲的树枝一样，当温度足够高的时候，这种分子形体的振摆会强烈到把自己撕裂，即热离解过程（见第八章）。不过，即使是在温度较低，分子可以保持完整性的时候，热振动也有可能会导致分子内部结构发生某种变化。比如，可以想象，当连接在分子某个部位的挂坠在分子振动的时候与另外一个挂坠相靠近，那么，它就极有可能会脱离自己原来的位置，然后连接到别的挂钩上去。

大家都知道，这种同分异构①转化的现象会在较为简单的分子进行普通化学反应时发生，这一转化过程也像其他一切化学反应那样，遵守这条基本的化学动力学定律：当温度每升高 10℃，反应的速率就会增快大约一倍。

对于基因分子这种情况，由于它们的结构太过复杂，恐怕在今后相当长的一段时间内，有机化学家也未必可以弄得清楚它们。所以，眼下还没有任何化学分析方法可以直接验证基因分子的同分异构变化。不过从某种角度来说，分析一种现象可能比费劲的化学分析更为高效。那就是：如果雄配子或者雌配子的基因里，有一个发生了同分异构变化，那它们结合出的细胞就会忠实地把这种变化在基因劈分与细胞分裂等一系列过程中保留下来，并让产生的后代在宏观上表现出明显的改变了的特征。

实际上，基因研究取得的一个重要成果，就是发现生物遗传性质会自发地、不连续跳跃地发生改变，这被称为"突变"，是在 1902 年由荷兰生物学家德弗里斯发现的。

我们再以前面提到的果蝇为例进行说明。野生果蝇的特点是灰身体、长翅膀。从野外随便抓一只，毫无例外都是如此。但是在实验室里，通过一代代的培养，会突然出现一种另类的果蝇，它的翅膀竟然是短的，而且身体几乎为黑色（图 102）。

---

① "同分异构"是指，构成分子的原子相同，但是它们的相对位置不同的情况。

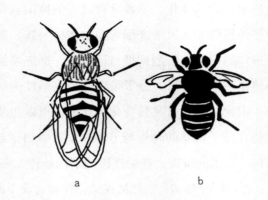

图 102　果蝇的自发变异
a. 正常种：灰色身体，长翅　b. 变异种：黑色身体，短翅

　　更值得注意的是，在普通的果蝇先祖与黑翅短身这种另类的情况之间，没有出现颜色呈各种灰色、翅膀呈各种长度的果蝇，也就是说，找不到介于先祖与新品种之间的，外观渐进改变的品种。新产生的一代（上百个）果蝇几乎全部都是相同的灰色，相同的长翅膀，只有一只（或几只）与众不同。要不就不发生改变，要不就完全改变（突变），这是具有规律性的。已经发现了上百种这样的情况，比如，色盲症就并不完全出自遗传，还存在这种情况，先祖都是正常的，但是孩子却患有色盲症。色盲症患有与否，与果蝇的长翅短翅一样，都遵循"要么全部，要么全不"的规律。这里所说的并不是一个人辨色能力的强弱（色弱），而是他是否可以鉴别颜色（色盲）。

　　了解达尔文的人都明白，物种新一代性质上的改变，与适者生存的自然规律相互作用，致使了物种会不断地进化[①]。这正是因为这种原因，几十亿年前简单的软体动物这种大自然的杰出作品，才会进化成像我们这样的具有高度智慧的生命，即使像本书这么难以理解的东西，都可以接受。

――――――――――

① 由于突变现象的发现，达尔文的进化论要做一些修改，那就是，是不连续的跳跃式的变化造成了物种的进化，而不是连续的微小变化。

这种跳跃式的遗传性质的改变，如果用之前所说的基因分子同分异构变换的假想来解释，是完全可行的。实际上，如果可以决定性质的挂坠在基因分子中的位置发生了改变，是无法只改变一半的，它只能选择留在原地，或者移动到新的位置上，由此就会导致生物体性质的不连续变化。

"突变"是因为基因分子发生了同分异构变化的这个观点，又被生物突变率与培养环境有关这一事实再次证明。梯莫菲耶夫与齐默所做的关于温度对突变率的影响的实验表明，（在不考虑介质与其他因素所造成的复杂变化时）普通分子在反应中遵循的基本的物理与化学定律，同样适用于这里。德布瑞克（他原来是理论物理学家，后成为实验基因学家）基于这项重大发现，提出了一个具有划时代意义的观点：生物的突变现象与分子纯物理化学的同分异构变换过程等效。

基因理论在物理基础上的证据有很多，尤其是在 X 射线与其他辐射造成突变时提供的重要证据，我们可以源源不断地提供出来。不过仅凭现在提到的例子，读者们就足以相信，科学的步伐即将跨入用纯物理解释神奇的生命现象的门槛。

在本章结束之前，我们还要讨论一种被称为"病毒"的生物学单元，它极有可能是一种不在细胞内部的自由基因。不久之前，生物学家们还认为最简单的生命形式是多种多样的细菌——生长繁殖于动植物组织内，有时会带来疾病的单细胞微生物。比如，人们已经通过显微镜观察到，伤寒病是由一种长 3 微米、粗 1/2 微米的杆状细菌引起的；猩红热是由一种直径 2 微米左右的球状细菌引起的。不过有一些疾病，比如人们会得的流行性感冒、烟草植株会得的花叶病，普通显微镜却如何都找不到相应的细菌。但是，这些特别的不通过细菌传播的疾病的传播方式又与普通的传染病别无二致，而且受到传染的机体全身会被迅速地感染，所以人们自然而然地想到，这些疾病是由一些其他的生物为载体的，人们给它们起名为"病毒"。

直到最近，在使用了紫外线显微技术（即用紫外光），尤其是新发明的电子显微镜（用电子束代替可见光以获得更大的放大倍率）后，微生物学家们才得以第一次一睹病毒的真容。

人们发现，病毒是由大量小微粒构成的集合体。同一种病毒的大小完全相同，而且远远小于细菌的大小（图 103）。流感病毒的微粒是一些直径为 0.1 微米的球状物，烟草花叶病毒是一些长度为 0.280 微米，粗细为 0.015 微米的棒状物。

版图 Ⅵ 是由电子显微镜拍摄的目前已知的最小的生命单元烟草花叶病毒的照片，它让人印象深刻。我们还记得，单个原子的直径是 0.0003 微米，所以我们可以推断，烟草花叶病毒在横向上可以排列大约 50 个原子，在纵向上可以排列大约 1000 个原子，即总数不超过 200 万个原子[①]。

这是个多么让人熟悉的数字啊：这不刚好是单个基因里原子的数目吗！因此，病毒微粒极有可能是既不存在于染色体中，又不被细胞质包裹的"自由基因"。

除此之外，病毒的繁衍与染色体在细胞分裂过程中的增倍现象看起来完全一样：病毒整体会沿着轴线劈裂成新的两个大小一样的病毒微粒。可以很明显地看到，在这个最基础的繁殖过程里（如图 91 中假设的酒精增加的过程），这个复杂分子的所有的原子团都会从周围的介质里吸引相同的原子团，然后把它们按照自己的构造方式精确地排列在一起。当这种排列完成之后，成熟的新分子就会从原来的分子上脱离出来。实际上，在这种较为原始的生物体上，看起来并不经历生长的过程，产生的新机体，不过是在本体周围拼凑出来的罢了。如果这种情况是发生在人体上的，就相当于孩子是从外部与母亲连接的，当孩子长大成人之后，

---

① 病毒微粒中原子的总数可能更少，因为极有可能如图 103 所示的那样，它们具有螺旋状的分子结构，而内部较空。若真是这样，烟草花叶病毒的原子就会处于螺旋形的表面上，所以病毒中原子数目就会减少到几十万个。基因中同样可能是这种情况。

就直接从母体上脱离了。很明显，想要实现这样的繁殖过程，一定要在含有各种必需成分的特殊的介质里进行。实际上，与自身包含细胞质的细菌不同，病毒只有在进入生物组织的活细胞质中时才能繁殖，换句话说，病毒是"挑食"的。

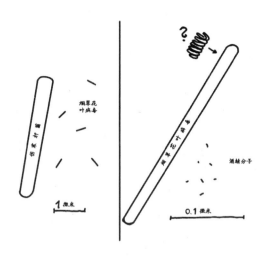

图 103　细菌、病毒、分子的比较

病毒的另外一个共同点，就是也可以发生突变，而且突变形成的个体可以把自己的新特性遗传给后代。这也符合基因学定律。实际上，生物学家们已经可以区分出源于同一病毒的不同遗传体了，而且建立了遗传种群的病毒库。当一个村庄里发生了流行性感冒，我们就可以知道，这是由哪种流感病毒的新的突变体引起的，因为它们在突变后产生了一些新的不利于人体的性质，而人体还没有产生对应的免疫能力。

在前面几页，我激情澎湃地论证，病毒应该被看作是生命体。同时，我也要以相同的热情来宣传，病毒也应该被看作是正规的化学分子，它们遵循一切的物理、化学定律以及法则。实际上，对病毒进行的化学分析已经表明：病毒可以被看作是有明确组成的化合物，可以被按照复杂的有机

（但无生命的）化合物来处理，而且它们可以参与各种类型的置换反应。所以，像写出酒精、甘油、糖等物质的化学结构式一样，写出各种病毒的化学结构式看起来只是个时间问题。

还有一点更让人啧啧称奇：同一种病毒的大小完全的相同！事实表明，脱离营养介质的病毒会自发地排列成平常正规晶体的模样。比如，造成"番茄停育症"的病毒可以结晶成漂亮的大斜块十二面体，把它放在长石、岩盐之类的矿物标本柜里甚至可以以假乱真。但是，一旦把它丢回番茄地里，它就会转变为一群活着的个体。

迈出把无机物合成活机体第一步的人是加利福尼亚大学病毒研究所的弗兰克尔 – 康拉特与威廉斯。他们把烟草花叶病毒分离成了两个部分，每一部分都是一种极为复杂，但是并不是生命体的有机物。我们已经知道，这种病毒形状就像一根长棒（版图Ⅵ），是由一条既长且直的分子（核糖核酸）作为组织物质的，外面就像电磁铁环绕导线那样环绕着长的蛋白质分子。他们两人用了多种化学试剂，终于成功地把这些病毒体分解成了核糖核酸分子与蛋白质分子，而且保持了它们的完好性。这样一来，他们就得到了两个分别装着核糖核酸水溶液与蛋白质水溶液的试管。电子显微镜的观察显示，试管里只有这两种物质，而且没有任何生命迹象。

但是，一旦把两种液体进行混合，核糖核酸分子就会以每24个为一组结成一束，蛋白质分子就会再次环绕核糖核酸分子，组成与实验病毒完全相同的病毒微粒。把它们放入烟草植株，这些重新组合成的病毒就会使植株患上花叶病，就像从没被分解过一样。当然，这个实验中的两种化学成分是靠分解病毒得到的，不过，生物化学家们已经掌握了用普通化学物质合成核糖核酸和蛋白质的方法。尽管目前（1960年）可以合成的只是一些较为短小的分子，但不要怀疑，未来一定可以做到用简单成分合成那两种可以合成病毒的分子，然后混合它们，就可以创造出人造病毒微粒。

第四部分

无限大的宏观世界

第十章　不断扩展的视野

一、地球与它的近邻

现在，让我们结束在分子、原子与原子核世界里的徜徉，回到我们熟悉的世界中来。我们还要去旅行一次，不过，这一次的方向与之前相反，是向着太阳、行星、星云以及宇宙的深处。科学在这个方面的进展，也与在微观世界中一样，让我们越来越远离自己熟悉的世界，获得越来越宽广的视野。

在人类文明发端的时候，所谈论到的宇宙只有很小的尺度。在人们的意识里，大地就是一个扁平的盘，四面被海洋所环绕。大地就在海洋上漂浮着，下面是深不见底的海水，上面是神灵的居所天空。这个扁平的盘几乎囊括了当时所知道的所有地方，包括地中海与欧洲和非洲濒临海洋的一部分，还有亚洲的一小部分。大地的最北端横着一条极高的山脉，那就是海洋与陆地的界限，夜间，太阳就会静静地在山后的海面上休息。图104准确地还原了古代人对于世界面貌的认知。不过，在公元3世纪，有一个人对这种被人们普遍接受的简单世界观提出了异议，他就是著名的希腊哲学家（当时这个名词是指科学家）亚里士多德。

图 104　古代人认为世界就是这么大！

　　亚里士多德在《天论》这本著作里，提出个理论：大地其实是个球体，一部分是陆地，一部分是海洋，外面被空气包裹着。他借助了很多现象来证明这个观点，现在我们再看这些观点的时候，都会感觉有些熟悉甚至是有些琐碎。他举例，一艘船在从地平线上消失的时候，往往是船身先看不见了之后，桅杆才慢慢消失。这就表明，海洋不是平的，而是弯曲着的。他还举例，月食一定是地球的阴影在拂过月球表面的时候造成的。既然这个阴影是圆的，那么地球自身也应该是圆的。不过，当时并没有多少人赞同他的观点。假如他的观点是正确的，人们就无法理解了，住在地球另一面（即对蹠点，对我们来说是澳大利亚）的人难道是头朝下在走路吗？那他们不会掉下去吗？那水为什么不会流入天空呢？（图 105）

　　你看，人们当时还没能理解，物体的下落是由于受到了来自地球的引力。对他们来说，"上"与"下"是个绝对的空间方向，不管在哪里都是一样的。他们所认为的，在我们这个世界走出一半远，"上"与"下"就会相互转换，简直是大错特错。彼时人们对亚里士多德观点的看法，就如同此时一些人对爱因斯坦相对论的看法。那时，重物坠落的现象，被解释为一切物体都天然存在向下运动的倾向，而不与现在相同，认为是受到了地球的引力。因此，你若胆敢冒险跑到地球的另一半去，就会朝下掉入蓝色的天空里！摒弃旧思想的工作极为困难，新的观念遭到了强烈的反对，甚至直到 15 世纪，也就是亚里士多德去世后两千年，仍旧有人用地球对面的人头朝下站立的画作，来嘲笑大地是球体的这个理论。即便是伟大的哥伦布，在出发寻找通往印度的新航道的时候，可能也并不认为自己的计划是完备的，后来他的航路受到了美洲大陆的阻隔，并没完全实现自己的计划。直到麦哲伦完成了那次著名的环球航行之后，人们才最终消除了对大地是球体的质疑。

图 105　反对大地为球形的论述

第四部分　无限大的宏观世界

当大地首次被人们意识到是球体之后，人们自然而然会问自己这样的问题：这个球体究竟有多大？与当时已经知道的世界相比呢？而且显然，古希腊的哲学家们没有办法进行环球旅行，那该如何来度量地球呢？

哈，真的有个办法，这个办法最早是由古希腊著名科学家埃拉托色尼在公元前 3 世纪时发现的。当时他住在古希腊的殖民地，埃及的亚历山大里亚城。那里有个地方叫塞恩城，位于距离亚城南部五千斯塔迪姆远的尼罗河上游。他听那里的原住民讲，在夏至日那天正午，太阳会正悬当头，所有竖直的物体都不会有影子。并且他还知道，这种情况在亚历山大里亚城就从不会发生。在夏至日那天，太阳与天顶（即头顶正上方那个）有 7° 的角距离，这大概是整个圆周的 1/50 。埃拉托色尼以大地是圆形的为出发点，很简单地为这种现象做出了解释，从图 106 可以很容易看懂。实际上，既然两座城市之间的地面是弯曲的，那么竖直射向塞恩城的光线就必然会与北面的里亚城产生一定的交角。从地心做两条直线，一条连接塞恩城，一条连接里亚城，从图中可以看出，两条连线的夹角与通过亚历山大里亚城的那条引线（即天顶方向）和正射向塞恩城的光线之间的夹角是相等的。

由于这个角度是一个圆周的 1/50，所以整个圆的周长就应该是这两个城市之间距离的 50 倍，也就是 25 万斯塔迪姆。一斯塔迪姆大约等于 1/10 英里，所以，埃拉托色尼算出的结果大约是 25 000 英里，也就是 4 万公里，这与现代测量的数值的确极为接近。

不过，第一次对地球进行测量得到的结果，其重要性并不在于它有多精确，而是在于它让人们意识到了地球的广博。你看，它的总面积比当时知道的全部陆地的面积还要大出几百倍有余。这是真的吗？如果是真的，那么，未知的世界有什么呢？

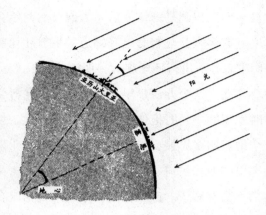

图 106

　　谈到天文学距离，我们得先了解一下什么是视差位移（简称视差）。这个名词看起来很吓人，不过事实上，视差是个简单实用的概念。

　　我们可以从穿针引线的例子里来了解视差。试着闭上一只眼睛然后穿针，你会很快发现，这样做并没什么把握：你手里的线头要不就是偏离到针眼后很远，要不就是还在针眼前面你就想把它穿过去。但是，如果睁大双眼来，就可以轻松办到这件事，最次也很快就可以学会该怎样做。当用两只眼睛同时观察一个物体的时候，人们会自动把视线都聚焦在这个物体上：物体离得越近，两只眼珠也就会转得越近。而且进行这种调节的时候，眼球上的肌肉就会产生一种感觉，让你可以相当准确地知道物体与你的距离有多远。

　　如果你不是同时用两只眼睛进行观察，而是分别用左、右眼进行观察，你就会看到物体（例子里指的是针）相对于物体之后的背景（此例中如针后的窗户）的位置是不一样的。这个效应被称为视差位移，我们应该都很熟悉。不过假如你从没听过，你可以自己去尝试一下，或者去看下图107所画的左眼和右眼分别看向针与窗户时的情景。物体离得越远，视差位移就会越小。因此，我们可以借助这个效应来进行距离的测量。视觉位移是可以用弧度来表示的，这比简单地通过眼球肌肉的感觉来判断距离的方式要准确得多。不过，我们两眼之间的距离仅有 3 英寸左右，所以，当物体处在几英尺之外时，我们就难以准确地测量距离了。其原理是，物体离得越远，两只眼睛的视线就会越趋向平行，视差位移也会随之越来越不明显。想要测量更远的距离，就得把眼睛更加分开，以此来增大视差位移的角度。其实也不用这样做，并不需要去动外科手术，只要找几面镜子就可以办得到。

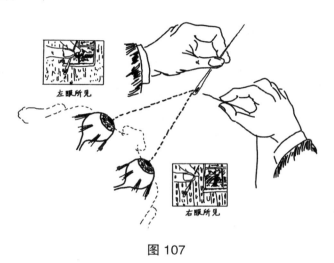

图 107

在图 108 中，我们看到的是海军使用的用来测量敌舰距离的装置（在雷达发明以前）。这是一条长筒，人眼睛之前安装着两面镜子（A，A′），在长筒的两端各安装着一面镜子（B，B′）。利用这架测距仪，就可以做到一只眼睛在 B 处看，另一只眼睛在 B′ 处看了。这样一来，你双眼之间的距离，即光学基线就得到了显著的增大，所以，可以估测的距离也就会更远。很显然，水军们是不会通过眼球肌肉的感觉来判断敌舰的位置的，测距仪上安装的特殊部件与刻度表，可以极其精准地测定出视差。

图 108

　　这种海军使用的测距仪，对于哪怕是出现在地平线上的敌方舰只，实现精确测量的把握都很大。但是，即使用它来测量月亮这个最近的天体，效果也差强人意。实际上，想要测算月亮在恒星背景上产生的视差，光学基线（也就是两眼之间的距离）一定要几百英里才可以。当然，我们大可不必建立一套光学系统，使得我们一只眼睛可以从华盛顿看，而另一只眼睛可以从纽约看，只需在两地同时拍摄一张群星掩映中的月亮的照片就可以了。把这两张照片放入立体镜中，就可以有层次感地分开月亮与星星。天文学家们就利用这样两张同时从地球两地拍摄的月亮与星星的照片（图109），计算出了从地球一条直径的两端观察月亮的视差是 1° 24′ 5″，因此可以知道，地球与月亮之间的距离大约是地球直径的 30.14 倍，也就是384 403 公里或 238 857 英里。

　　根据这个距离与观测到的角直径，我们算出月球这个地球的卫星，直径大约为地球直径的四分之一，表面积为地球表面积的十六分之一，这大概相当于非洲大陆的面积。

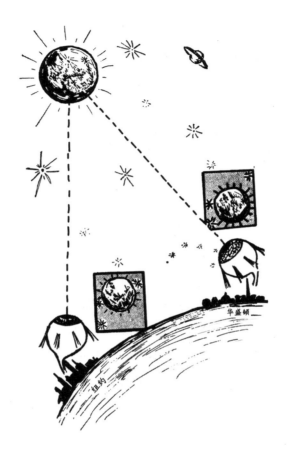

图 109

用同样的方法，我们也可以算出太阳与我们的距离。当然，由于太阳更加遥远，所以测量难度也会相应地加大。天文学家们测算出这个距离为 1.4945 亿公里（9297 万英里），也就是地月距离的 385 倍。也正是因为太阳与地球之间的距离如此之大，才导致它看起来与月亮大小不相伯仲，实际上，太阳要大得多，它的直径可达地球直径的 109 倍之多！

要是把太阳比作南瓜大小，那么地球相当于一颗豌豆，而月亮就好比一颗罂粟籽，纽约的帝国大厦就好比是显微镜下才能看得到的极其微小的细菌。再提点额外的内容，古希腊有个哲学家阿那萨古腊，在讲学的时候，仅因为相对进步地提出太阳是个如同希腊大小的火球，就遭到了流放的刑罚，而且还被以死刑相威胁。

用同样的方法，天文学家们还计算出了太阳系中各个行星与太阳之间的距离。1930 年被发现的太阳系最外围的行星冥王星，与太阳之间的距离大约为地日距离的 40 倍，这个距离准确说来就是 36.68 亿英里。

二、银河系

再深入空间一些，就从行星尺度来到了恒星的世界。视差的方法仍然可以使用，但是，即使距离我们最近的恒星，距离也是相当的遥远，因此，就算是从地球上相距最远的两点（地球的两端）进行观测，也难以在无垠的星际背景中看到明显的视差。不过，我们还有别的办法。如果通过地球的尺寸，我们可以算出地球绕太阳运行的轨道的大小，那么，何不通过这个轨道，来计算与恒星之间的距离呢？也就是说，从地球轨道的两端对恒星进行观测，能不能发现一两颗恒星的相对位移？当然，按照这个方法，两次观测的时间间隔得半年之长，但何不试试呢？

怀着这种想法，1938 年，德国天文学家贝塞尔开始对相隔半年的星空做比较。起先他并不走运，选定的目标均未显示出存在什么明显的视差，这说明它们的距离太过遥远了，即使以地球轨道直径为光学基线都难以计算。不过，看，那里有颗恒星，天文学名录里它被称为天鹅座 61（也就是天鹅座的第 61 颗暗星），它的位置与半年前相比发生了细微变化（图110）。

半年之后再进行观测时，这颗星又回到了之前的地方。如此可见，这是明显的视差效应。因此，贝塞尔就成了走出太阳系、丈量星际空间的第一人。

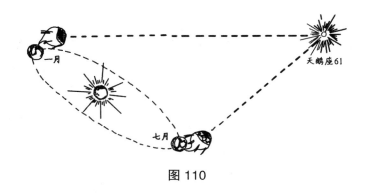

图 110

历时半年观察到的天鹅座 61 发生的位移非常小，只有 0.6 弧秒①，这就相当于你看 500 英里开外的人时视线张开的角度（假如你看得到的话）。不过，天文学仪器还是很灵敏的，这么小的角度也可以高精度地测量出来。根据测量出的视差与已知的地球轨道直径数值，贝塞尔求得这颗恒星在 103×10^{12} 公里之外，比太阳远出 69 万倍！这个数字可不好体会。比如我们前面所做的那个比喻，太阳如同南瓜，距离它 200 英尺远的地方，有个大小如同豌豆的地球在绕着它运动，而这颗恒星，在 3 万英里远的地方！

天文学中，通常把很长的距离表示为光走过这段距离要用的时间（光速为 3 万公里每秒）。光绕地球一周仅需 1/7 秒，从月亮抵达地球仅需 1 秒多一点，即使是从太阳出发，抵达地球也不过需要 8 分钟左右。但是从我们在宇宙中较近的邻居天鹅座 61 发出的光，要经过大约 11 年才可以抵达地球。假如天鹅座 61 在一场宇宙灾难中消失了，或者爆炸为一场烈火（这在恒星中经常发生），那我们得在漫长的 11 年后，才可以通过高速穿越星际空间抵达地球的爆炸闪光与最后的光芒知道，这颗恒星毁灭了。

贝塞尔根据测出的天鹅座 61 的距离，计算出在黑暗夜空里闪烁着不

① 精确值为 0.600″ ±0.06″。

起眼的光点的这颗恒星，它的光度仅比太阳低一点，大小只差 30%。这是第一个直接证明哥白尼拥有革命性论点的证据。哥白尼认为，太阳仅是散布在广阔宇宙空间中的，彼此相距遥远的无数星体中的一个。

继贝塞尔的发现之后，又有很多恒星的视差被测算了出来。其中几颗恒星比天鹅座 61 离我们更近，最近的是半人马座 α（半人马座中最亮的星，也就是南门二），它距离我们只有 4.3 光年，大小和光度都与太阳相近。大部分其他的恒星都距离我们很远，即使以地球轨道直径为光学基线，都难以测出视差。

不同恒星的大小与光度也存在巨大的差别。有些是闪耀的巨星，比如猎户座 α（即参宿四，300 光年），它比太阳要大出 400 倍，亮出 3600倍！还有一些是较小而且昏暗的矮星，比如范玛伦星，大小比地球还小，光度相当于太阳的万分之一！

现在我们来探讨一个重要的问题，那就是恒星数目的问题。包括读者在内的很多人，都认为天上的星辰是无数的。但是，正与很多广为流传的认知一样，这种认知也是大错特错的，至少对于我们肉眼可见的星辰而言这是错的。实际上，南北两个半球可以直接看到的星辰数加起来大约仅有六七千颗。考虑到在地球地面上的任意一处，只能看到一半的天空，再加上在地平线附近，大气会吸收光线，导致能见度降低，所以，即使在没有月亮的最易于观察的晚上，用肉眼仅能看到的星辰数才 2000 颗左右。所以，按照每秒一颗的速度细心地去数，大约半个小时就可以数完了。

但是，如果用普通的双筒望远镜进行观测，就可以看到 5 万多颗星辰。如果用一架 2.5 英寸口径的望远镜进行观测，就会看到 100 多万颗星辰。要是用那架安装在加利福尼亚州威尔逊山天文台的知名的 100 英寸口径的望远镜进行观测，就可以看到大约 5 亿颗星辰！就算按照一秒稳定数一颗的速度，每天毫不休息地数，一个天文学家也得数上一个世纪才能数得完！

第四部分　无限大的宏观世界

　　当然，不会真有人是用望远镜一颗颗地去数星辰数的。星辰总数的得出，先是要求得几个不同区域内星辰的实际数目的平均值，然后再把这个平均值推广到整个天域来获得星辰的总数。

　　大约一百多年前，英国著名的天文学家赫歇尔用自制的大型望远镜观察星空的时候，发现了这样一个现象：肉眼可见的大部分星辰，都分布在一条横在天际之间的微弱的光带里，这被叫作银河。有一个概念就是因为他的研究才得以确立的，那就是：这条银河并不是宇宙中一个普通的星云，而是由数量众多的恒星组成的，由于它们距离极其遥远，所以昏暗到肉眼难以分辨。

　　利用强大的望远镜，我们可以看到，银河是由数量庞大的恒星组成的；望远镜的性能越强大，可以看到的恒星数也就越多。不过，银河的大部分仍然是模糊不清的。但是，如果因为这样就认为，银河范围以内的星辰密度要比其他地方高，那就错得离谱了。事实上，星辰在某一区域看起来比较集中，这并不真的代表星辰分布较多，而是因为星辰在那个方向上分布的深度较深。在银河深度的方向上，星辰可以一直延展到目力（依靠望远镜）的极限处。但是在其他的方向，星辰的深度还没有达到目力的极限，在星辰的后面，是几乎空无一物的虚空。

　　向银河深度的方向观看，就好比在浓密的树林里远望，看到的是由许多树枝与树干互相遮挡重叠而形成的一片连续的背景。但是向其他方向观看，就可以看到单独的空间，就像我们从树林里向头顶观望，可以看到被树叶分割出的一片片天空一样。

　　由此可见，这些数量众多的星体分布在空间内的一个扁平的区域里。在银河平面内，它们可以延伸至很远的地方，但是在垂直于这个平面的方向上，延伸范围相对没有那么远。太阳只是银河里再普通不过的成员。

　　几代天文学家们努力研究的结果显示，银河系包含大约 400 亿颗恒星，它们分布在一个凸透镜形的区域里，这个区域的直径约为 10 万光年，厚度在 5000 ~ 10 000 光年之间。而且，我们的太阳并不在这个大的星系系统的中心，只是位于靠近边缘的位置，这可真是伤害我们人类自尊心的事情啊！

图 111 是用来告诉读者们，由恒星组成的这个大型蜂窝——银河的外貌究竟是怎样的。并且，银河在科学的语言中被称为银河系。图中画出的是缩小到万亿亿分之一的银河系，而且用于代表恒星的点数量也比 400 亿少了很多，这是为了照顾印刷的能力。

图 111　天文学家在观察缩小了
1×10^{20} 分之一的银河系。太阳的位置大致就在天文学家的头部

银河系这个由巨量恒星组成的系统，最显著的性质就是，它与我们太阳系一样，也处于快速的旋转状态中。就如太阳系中水星、地球、木星以及其他行星，在围绕着太阳以接近圆形的轨道运行一样，构成银河系的几百亿颗恒星，也会围绕着被称为银心的地方运转。这个运转中心大致位于

人马座方向。原因是当你沿着银河横跨的方向观察时，会发现银河朦胧的外形越接近人马座越显得宽阔，就说明你观察到的就是凸起的透镜状的银河系的中心部分（图111中就是天文学家观察到的情况）。

银心究竟是什么样的呢？我们目前还不清楚，因为很不幸，银心的部分被星际悬浮物组成的如同浓厚的黑云一样的物质遮住了。实际上，如果观察银河系在人马座区域变厚的那部分[①]，刚开始可能会认为这条神话中的天河分成了两条单行的航道。不过这种分汊并不是真实情况，人们之所以会产生这种错觉，是因为在我们与银心之间，存在大量的星际尘埃和气体的暗云块。这与银河系两侧的黑暗区域不同，那些黑暗区域是空间的暗黑背景，但这里却是密不透光的黑云。中间的黑云上也能看到一些星辰，它们其实是处在我们与黑云之间的。

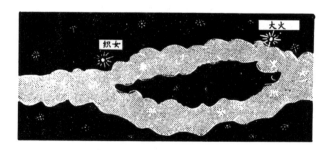

图 112　向银心看去，让人感觉像是神话中的河分成两汊

无法观测到这个神秘到连太阳都要绕着旋转的银心，以及数以亿计的其他恒星，自然是件憾事，不过，通过对分布在银河系以外的其他星系的观察，我们也可以大致推断出银心的真实样貌。银心之中，并不存在一个地位如同太阳系中太阳一样的超级巨星，来控制整个星系的运动。对其他星系的研究（以后会讲）显示，其他星系的中心也是由许多恒星共同组成的，不过靠近星系中心位置恒星的密度要比我们太阳所在的边缘位置大上

---

① 在初夏晴朗的夜晚最适宜进行观察。

很多。如果由恒星统治的行星系统就好比封建帝国，那么，银河系就好比一个民主国家，有一部分恒星占据了有领导地位的中心位置，而其他的恒星只能在外围屈从领导。

就像上面描述的，包括我们太阳在内的所有的恒星，都在一个巨大的轨道上围绕着银心运转。不过，这该如何证明呢？恒星运转的轨道半径有多大呢？运转一周需要多长的时间呢？

这些所有问题的答案，在几十年前，都被荷兰天文学家欧尔特找到了。他使用的观测方法与哥白尼探索太阳系的方法很像。

我们先来了解下哥白尼的思路吧。古巴比伦人、古埃及人，以及古代其他的民族，都注意到，一些比较大的天体，比如木星、土星等，在天空中运行的路线非常的奇特。它们似乎总是先顺着太阳运行的方向沿着椭圆形轨道前进，然后会突然停止运动，朝后运行一段距离，再折返回去沿着原先的运行方向运动。图 113 下面的部分，画出的是土星在两年时间内运动的大致线路（土星公转周期为 29.5 年）。从前，由于宗教的偏见，人们把地球当作了宇宙的中心，认为一切行星，甚至太阳都在围绕着地球运动，面对这种奇怪的运动方式，只好以行星轨道环环相套为假设来自圆其说。

但是，哥白尼的眼见就更加的高明，他天才地解释道：这种奇怪的运动现象，是由于地球以及其他行星，都是各自围绕着太阳做简单的圆周运动所导致的。看下图 113 上面的部分，就可以很好地理解他的说法了。

在图片中心位置的是太阳，在较小圆周上运转的是地球，土星（有环的）都沿着相同的方向在较大的圆周上运转。数字 1，2，3，4，5 标出的是地球与土星一年内的几个运转位置。我们得知道，土星的公转速度比地球慢很多。从地球运动的不同位置引出的垂直线都是指向同一颗固定恒星的。而从地球运动的不同位置向相应时间土星运动所到的位置做引线，我们可以看到，这两个方向（指向土星与固定恒星）之间的夹角的角度先会增大，然后减小，之后再增大。所以，表面上看起来像是环套一样的运行轨迹，并不意味着土星的运动有什么特别的地方，而是因为我们观察土星时，由于地球本身也在运动，所以观测的角度会发生变化而已。

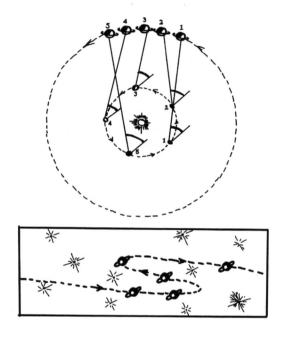

图 113

图 114 很清晰地展现了欧尔特对于银河系中的恒星在做圆周运动的论点。图片的下方，画出的有银心（有暗云之类的物体）、环绕的中心、占据整张图的恒星。三条圆弧表示的是与银河系中心相距不同的恒星的运动轨道，中间那条轨道表示的是太阳的运行轨道。

我们来考察八颗恒星的情况（图中已明显标出，用以与其他恒星区分），其中有两颗与太阳在同一运行轨道上，一颗比太阳靠前，一颗比太阳靠后；另外的几颗恒星，有几颗的轨道靠外，其余的轨道靠内，见图114。要明白，由于受到万有引力的作用，轨道靠外的恒星的运动速度要比太阳小，而轨道靠内的恒星运动速度会比太阳要大（图中以箭头的长短做区分）。

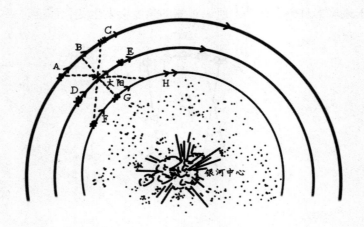

图 114

这八颗恒星的运动状况，从太阳或者地球的角度来看，会存在什么样的关系呢？这里我们所说的运动状况是指，恒星沿着观察者视线的方向的运动，根据多普勒效应，这可以很容易就明白。首先，与太阳处于同一轨道同一速度的两颗恒星（D 与 E 两颗）与太阳（或者地球）显然是相对静止的。同样的结论也适用于与太阳同属一条半径的两颗恒星（B 与 G 两颗），因为它们在运动方向上与太阳平行，在观测方向不存在速度的分量。位于外部的恒星 A 与 C 又有怎样的性质呢？因为它们的运行速度都比太阳的运行速度要低，可以很清楚地从图中看出，恒星 A 会逐渐地被太阳落后，恒星 C 会逐渐地被太阳赶上。由此，太阳与恒星 A 之间的距离会增大，太阳与恒星 C 之间的距离会减小，所以从这两颗恒星射来的光线会分别表现出多普勒红移与紫移效应。对内层恒星 F 和 H 而言，情况刚好相反，恒星 F 射来的光线会表现出多普勒紫移效应，恒星 H 射来的光线会表现出多普勒红移效应。

假如刚才描写的现象的确仅是由恒星的圆周运动所造成的，那么，如果恒星确实是在进行圆周运动的话，我们不但可以证明这个假设，而且还可以计算出恒星运动的轨道与运行的速度。通过对天空中不同恒星视运动的测算，欧尔特证明了他构想的多普勒红移和紫移效应的存在，从而明确地证明银河系的确是在围绕银心旋转。

同样也可以证明，银河系的旋转对恒星沿垂直于视线方向的视速度也会产生影响。尽管想要精确地测量到这个速度的分量更加的困难（因为即使远处的恒星具有较大的线速度，但也只能产生极小的角位移），但是欧而特等人仍然发现了它的存在。

如果我们对恒星运动的欧尔特效应可以测定到相当的精度，就可以计算出恒星运动的轨道大小以及运行的周期长度。现在已经测出，太阳以人马座为中心的运行轨道的半径为 3 万光年，这大概相当于整个银河系半径的三分之二。太阳围绕银河系中心运行一周的时间大概在两亿年左右。这显然是很长的一段时间，但要知道，我们生活的银河系已经有 50 亿岁了。在此期间，我们的太阳已经带着太阳系的行星家族围绕银心旋转了 20 多圈。如果按照定义"地球年"的方法，把太阳公转一周的时间定义为"太阳年"，那么就可以说，我们这个宇宙才刚 20 多岁。把事情放大到恒星的尺度，一切都显得非常缓慢，所以，把太阳年作为记载宇宙历史的时间单位，就显得很方便。

三、走向未知的边界

前文已经提及，我们的银河系并不是宇宙空间里唯一存在的孤岛一样的恒星群落。用望远镜研究的结果显示，在空间深处存在许多巨大的系统，它们与我们太阳系所在的这个恒星群落非常相似。其中距离我们最近的是有名的仙女座星云，用肉眼就可以直接观察到它。它看着很模糊，呈一个小而暗的狭长的形状。图版Ⅶ的 a 和 b 是通过威尔逊山天文台的大型望远镜拍摄到的两个类似的系统，它们分别是后发座星云的侧视图和大熊座星云的正视图。可以发现，它们存在典型的旋涡结构，从整体上看，也构成了类似我们银河系的凸透镜形态，因此，这类星云被统称为"旋涡状星云"。众多证据表明，我们银河系也是类似的旋涡态。当然，想从内部证实这一点相当的困难，不过我们都知道，太阳极有可能是位于银河系大星云一条旋臂的末端。

在很长的一段时间内，天文学家们并没有意识到，这类旋涡状的星云是与我们银河系类似的巨大的星系，而是把它们认为是普通的弥散星云。弥散星云是由分散在空间内的星际物质组成的巨大的云状物，比如银河系内的猎户座星云。但是，后来人们发现，这些看起来像雾一样的呈旋涡状的系统并不是由尘埃组成的雾气。当用放大倍数最高的望远镜进行观察时，会看到它们内部有一个个的小点，这就证明它们是由一个个恒星组成的系统。不过由于它们的距离实在是太遥远了，所以用视差法也没有办法测出这个距离。

看起来，对于测量天体距离我们已经力竭了。但是，并不是这样的，在科学探索的道路上，各种问题所造成的困难只是一时的，人们总会通过新的发现，在这条道路上一直走下去！在这个问题上，哈佛大学的天文学家沙普勒又找到了一把新的"量天尺"，也就是所谓的"脉动星"或者"造父变星"①。

漫天的繁星浩如烟海，难以计数。它们绝大多数都是在安静地散发着光芒。但是，其中有一些星星，它们明暗的光度会发生规律性的变化。这些庞大的星体就好比规律搏动着的心脏，它们的亮度也会随着这种搏动产生周期性的变化②。恒星的体积越大，脉动的周期就会越长，这就好比摆动的钟摆，摆长越长，摆动周期也越长。小的如较小的恒星，几小时就可

---

① 由于首先在仙王座 β 星也就是造父一上发现的这种脉动现象，所以得名造父变星。
② 这里与交食变星不同。交食变星是由两个互相围绕对方旋转的恒星的周期性掩食现象混合而成的。

以完成一个周期，大的如巨星，完成一个周期需要很多年。而且，已经知道恒星的亮度会随着体积的增大而增大，那么，造父变星的脉动周期与平均亮度之间，一定存在着某种联系。由于仙女座造父变星距离我们较近，可以直接测出它与我们之间的距离以及它的绝对亮度，所以，通过对它的观测，我们可以获得前面所说的那种联系。

　　假如我们发现了一颗距离超出了视差法测算量程的脉动星，我们只需用望远镜测算它的脉动周期，就可以求得它真实的亮度，然后再把这个亮度与视亮度进行对比，就可以求得它的大概距离了。就是用这种聪明的办法，沙普勒成功地计算出了银河系中极远处的距离，从而有说服力地估算出了我们这个星系的大小。

　　当沙普勒用这种方法对仙女座星云中的几颗脉动星进行测量时，得到的结论让他着实震惊：地球与这几颗恒星之间的距离，也就相当于到仙女座星云的距离，竟然有170万光年之远！换句话说，这个距离已经长过了银河系的直径！就仙女座本身而言，它的体积与我们银河系相比，只是稍微小了一些而已。书后版图Ⅶ是两个距离更远的旋涡状星云，它们的直径与仙女座的差不多大小。

　　这个发现直接毙掉了那些认为旋涡状星云是存在于银河系内的"小伙计"的观点，并且为它们确立了如同银河系这种独立星系的地位。要是在数以亿计的恒星组成的仙女座中，从属其中某颗恒星的行星上也存在如同人类一样的智慧生命，那么，以他们的视角看到的我们银河系的形状，就如同我们看到的他们星系的形状一样。对此，天文学家们已经确信不疑了。

　　由于天文学家们的不断探索，特别是威尔逊天文台著名的星系观察家E. 哈勃做出的杰出贡献，我们已经在那些相距极其远的恒星集团中找到一些既有趣又重要的事实。最明显的一点是，用强大望远镜观测到的比肉眼所见星辰数还多的星系，它们并不全都是旋涡状的，而且存在很多种类。

例如球状星系，它看起来像个边界模糊的圆盘；还有椭球状星系，它们呈现不同程度的扁平状；就算是旋涡状星系，也存在盘绕程度不同的各种形态。除了这些，还有棒旋星系，它们的形状比较奇特。

把观测到的各种类别的星系排列出来，就发现了一个很重要的事实（图 115）：这些不同类别的巨大的星系排列出的序列，极有可能表现出的是不同的演化阶段。

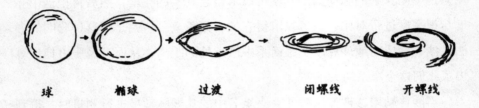

球　　　　椭球　　　　过渡　　　　闭螺线　　　　开螺线

图 115　银河系进化的各个阶段

我们还远没有达到弄清楚星系演化详细过程的程度，不过据推测，星系的演化极有可能是由于不断地收缩导致的。我们都知道，一团旋转缓慢的呈球状的气体，在逐渐进行收缩的时候，它的旋转速度也会逐渐变快，形状就会慢慢地变成椭球体。当收缩至一定的程度，也就是在椭球体的极轴半径与赤道半径的比值达到 7/10 的时候，赤道上就会出现一条明显棱，椭球体就会变成凸透镜般的形状。当收缩继续进行，旋转着的气体的一部分物质就会沿着棱圈的方向四散而开，在赤道面上产生一层较薄的气体面，不过此时，气体团整体上仍然会保持着透镜般的形状。

著名的英国物理与天文学家金斯从数学的角度，证明了上面所说的关于旋转球状气体的转化过程是成立的。同理，这种现象也可以照搬到如星系这样巨大的星云上去。实际上，如果把无数的恒星想象成一个个原子，这种由数以亿计的恒星密集聚集在一起组成的形态就可以看作是一团气体了。

第四部分　无限大的宏观世界

如果把金斯的理论计算结果，与沙普勒对星系实际观测后进行的分类，相互进行参照，就会发现，它们是高度吻合的。就现实而言，我们现在已经发现，目前观测到的扁平度最高的椭球状星云，它半径的比值是7/10（E7）。而且在此状态，它的赤道位置上开始出现明显的棱圈。不过对于星系演化后期所产生的悬臂，很明显是由在迅速旋转过程中被甩出去的物质组成的，但为什么会出现旋臂？它们是如何形成的？以及为什么会出现不同的普通形状旋臂与棒形旋臂？直至今天，我们都无法对它们做出完美的解释。

我们还需要做更多的研究，才可以了解到这些星系的构造情况，运动状态以及各部分的组成。比如有这样一个有趣的现象：几年前，威尔逊山天文台的天文学家巴德指出，球状星云、椭球状星云的内部，以及旋涡状星云的中心部分（核），所包含的恒星属于同一种类型。但是在旋臂中，出现了新类型的恒星，也就是所谓的"蓝巨星"。与中心部分的恒星相比，它们显得更为炽热以及明亮。在球状星系、椭球状星系的内部，以及旋涡星系的中心部分，都找不到这种类型的恒星。在之后的章节中我们会看到（第十一章），蓝巨星极有可能是新诞生的恒星，所以我们有理由怀疑，旋臂是诞生星空中新成员的"育儿房"。可以设想，从正在收缩的椭球状星系宽厚的腰部，会甩出大部分是气体的物质，它们抵达温度极低的星际空间之后，会慢慢凝聚成一个个庞大的天体，然后这些天体会开始收缩，逐渐变得炽热而且明亮。

本书第十一章，我们还会来探讨恒星的产生经过，不过现在，我们还是来考虑一下星系在广袤的宇宙空间中是如何分布的吧。

不过要先说明一点：通过观测脉动星来测算距离的方法，在计算靠近银河的一些星系时可以取得很好的效果。但是，当尺度深入空间深处的时候，这种方法就不太好用了，因为此时的距离已经大到即使用最强大的望远镜，也难以解析得出单独恒星的程度。此时看到的即使是整个星系，也仅像是一团很小的长条星云。基于这种情况，我们只能依据看到的星系的大小，来推测双方的距离了，因为星系不会像单独的恒星那样，存在大小的区别，同一类型的星系大小几乎是相同的。就像假如所有的人都是相同的高度，既没有很矮的人，也没有很高的人，那么，我们就总是可以依据一个人的视大小，来计算出他的远近距离。这两种情况用的都是同样的道理。

用这种思路，哈勃对远方的星系进行了评估，他得出结论：在可见（最大倍率望远镜可以观测到的范围）的空间范围内，星系或多或少均匀地分布着。之所以说"或多或少"，是因为在很多地方，星系会成群地聚集在一起，多的时候甚至会有上千个，就好比众多的恒星拥挤成的银河系一样。

我们所在的银河系啊，看起来是属于一个较小的星系群的一员。这个星系群包含了 3 个旋涡状星系（包括银河系与仙女座星云）、6 个椭球状星系以及 4 个不规则星云（其中两个是大、小麦哲伦星云）。

不过，这种星系聚成群的现象相对是比较少的，用帕洛玛山天文台200 英寸口径的望远镜进行观测时发现，空间内的星系是比较均匀地分布在 10 亿光年的可见距离内的，平均每 500 光年的距离就会出现两个相邻的星系，在可见的宇宙地平线上，恒星的数量可以达到几十亿个！

如果还用前面的比喻，把帝国大厦比作细菌的大小，那么地球就好比一颗豌豆粒，而太阳就像是颗南瓜，那么，银河系就相当于几十亿颗分布在木星轨道范围内的南瓜组成的系统，在这个系统中，又会分别聚集出范围半径略小于地日距离的一堆堆呈球状的南瓜群。看吧，想要把宇宙空间中各种距离的比例用形象的尺度来表示，是多么困难的一件事情啊！我们即使把地球比喻成豌豆大小，目前探测到的宇宙空间的大小仍然是一个天文数字！图 116 就是想要告诉大家，天文学家们是如何一步步地对宇宙进行探索的：首先是从地球开始，然后是月亮、恒星，再往后是更加遥远的星系，直至没有发现边界的未知世界。

现在，我们准备对宇宙的大小这一根本性问题做一个解答了。宇宙究竟是无限延展的，还是拥有有限的（虽然极其大）体积？未来望远镜会制作得越来越巨大，越来越精密，随之，在我们"目所能及"的地方，究竟是会永远都能发现新的、还未被发现过的空间，还是相反的，从理论角度上，会发现到最后一颗未被探测到的恒星呢？

我们在说宇宙可能存在确定大小的时候，并不是想告诉大家，在几十亿光年以外的遥远地方，人们会遇到一面巨大的墙壁，上面写着"此路不通"这几个大字。

其实，在第三章我们已经说到过，空间是可以有限但是没有边界的。因为空间是可以弯曲的，并且最终"自我封闭"起来。按照这种情况，假想有位空间探险家，尽管他是在沿着直线行驶飞船，但行进的路线是空间中的短程线，最终他会回到出发的地点。这就好比一个古希腊的探险家，从故乡雅典城出发，一路向西，结果在多年以后，发现自己从雅典城的东门回到了故乡一样。

就像我们并不需要去环游世界，只需在一块相对较小的地方进行几何测量，就可以计算出地球的曲率那样，我们同样可以在望远镜目前所能达到的视程上，对三维空间的曲率进行测算。在第五章里，我们谈到过两种不同的曲率，它们分别是与存在确定体积的闭空间相对应的正曲率，与马鞍形无限开空间相对应的负曲率（详见图42）。这两种不同空间的区别是：均匀分布在闭空间的物体，它数目的增长速度比距离的立方要慢。而在开空间内情况则刚好相反。

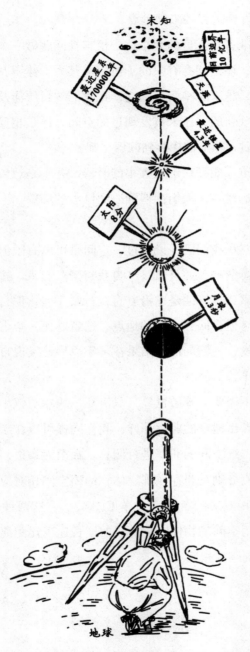

图 116　宇宙勘测的里程碑是距离用光年表示

第四部分　无限大的宏观世界

　　在宇宙空间内，所谓的"均匀分布的物体"指的就是所有的星系。所以，想要求解宇宙曲率的问题，只要统计不同距离内单独星系的个数就可以了。

　　哈勃实际进行过这种统计，他发现，星系的数目极有可能比距离的立方增长得要慢，所以，宇宙极可能是个有确定体积的正曲率空间。但是要明白，哈勃观察到的这种效应极其微弱，只是在威尔逊山上架设的100英寸望远镜所能观察到的极限处才稍有显示。甚至帕洛玛山上新架设的200英寸的反射望远镜最新的观测，也并不能对这个问题给出明确的答案。

　　之所以现在还不能对宇宙是否有限这个问题给出明确的回答，是因为远处星系的距离，目前只能通过它们的视亮度来确定（根据平方反比定律）。而要使用这个方法，前提是假设所有的星系都是同样的亮度。但是，假如星系的亮度会随着时间发生变化（即与年代有关），就会导致结论的错误。要明白，帕洛玛山上的天文望远镜，即使观测到的是最近的星系，距离都在10亿光年开外，所以我们此时看到的只是它们在10年前的情况。假若星系随着自我衰老而变暗（比如由于一些恒星熄灭），那就会让哈勃统计的数据发生变化。实际上，只要星系的光度在10亿年中（大约是它们寿命的1/7）改变很小的一个百分数，就足以颠倒宇宙是有限的这个结论！

　　因此，大家都知道了吧，想要明白我们宇宙究竟是有限的还是无限的，我们还有很多的工作要去做呢！

第十一章　万物之始

一、行星的诞生

"土地"这个词，对生活中七大洲（包括南极洲）上的我们而言，几乎就是稳定的代名词。在勘探我们熟悉的地表时，大陆与海洋，山脉与河流，几乎就像是亘古就存在的东西。当然，通过对古代地质学资料的研究可以知道，大地的表面是一直处于不断的变动中的。如今的陆地未来可能会被海洋所淹没，而现在海底的陆地也可能会抬升出水面，存在已久的古老山脉可能会被雨水冲刷为平地，新的山脉也可能会由于地壳的运动而不时地产生。但是，所有的这些变化只不过是我们地球的固体外壳发生的变动罢了。

不过我们很容易就会想到，曾经一段时间内，地球上根本不存在地壳。在那个年代，地球就是一个发着光的熔岩构成的球体。实际上，通过对于地球内部的探索可以知道，目前地球的大部分地方依旧处于熔融的状态。我们意识里的"土地"，其实只是一层相对而言较为单薄的漂浮在熔岩上的硬壳。通过测量地球内部不同深度的温度，我们可以很轻易就发现这个事实。测量的数据显示，每深入地下 1000 米，地温就会上升大约30℃。所以我们知道，在世界最深的矿井（南非的罗宾逊深井）中，矿壁温度极高，假如不安装调节空气的设备，矿工们就会被活生生地烤熟。

温度以这种增长的速度，等到了深入地下 50 公里的地方，也就是还不到地球半径百分之一深度的地方，地温就已经达到了岩石的熔点（1200～1800℃）。也就是说，如果比这个深度还要深，岩石就会完全熔融，按照这样来算，地球大约97%的物质都处于熔融的状态。

很明显，这种状态绝不可能永远保持不变。我们现在观察到的阶段，就是地球从曾经完全熔融的状态，向未来完全冷却为一个固态球体的过渡阶段。通过冷却率与地壳变厚的速率粗略估算，我们可以知道，在几十亿年以前，地球就已经开始了逐步冷却。

同样的结论在估测地壳岩石的年龄后也可以获得。在印象里，岩石好像并不存在会改变的属性，所以人们才经常使用岩石来描述不会改变的事情。不过事实上，大部分岩石里都有一种天然的时钟，凭借它们，经验丰富的地质学家就可以估测出，这些岩石从熔融状态到冷却成固体究竟经历了多长的时间。

这些可以指示出岩石年龄的地质钟就是岩石中含有的微量的铀元素与钍元素。无论是在地面或者地表以下不同深度的岩石中，都可以找到它们。书中第七章我们曾经介绍过，这些原子会自行发生缓慢的放射性衰变，最终生成稳定的铅元素。

想要测定岩石的年龄，我们只需先确定它们内部的确含有这些放射性元素，然后再测出由于长期的放射性衰变，这些元素转化成的铅元素的含量是多少就可以了。

实际上，只要岩石处于熔融状态之下，放射性衰变的产物铅，就会受到扩散与对流的作用，从原本的位置离开。当岩石凝固之后，这些转化出的铅就会开始富集起来，数量足以准确地告诉我们，这个转变的过程究竟持续了多久。这个现象就好比一位聪明的间谍，通过敌人在太平洋两座岛屿的棕榈树林里乱扔的空啤酒瓶以及罐头的数量，就能推测出敌方舰队在此地驻扎的时间长度。

最近，人们又通过改良了的技术进行了精确的测算，测出了岩石中铅以及一些其他不稳定元素的同位素（如铷 87 和钾 40）的衰变产物的含量，又通过它们，计算出了地球上最为古老的岩石大约存在了 45 亿年。所以，我们可以得出结论：大约从 50 亿年以前开始，熔岩逐步冷却形成了地壳。

所以想象得到，50 亿年以前的地球，是一个完全处于熔融状态的球体，外部被稠密的大气层所包围，其中含有空气与水蒸气，而且极有可能还存在很多强挥发性的气体。

不过，地球这么大一团熔融的物质又是怎么来的呢？是什么力量造成了它的存在？这些关于地球以及太阳系内其他行星的起源的问题，都属于宇宙论（宇宙起源的理论）探讨的范畴，这些问题已经困扰了天文学家很多个世纪。

1749 年，著名的法国博物学家布丰，进行了人类首次试图以科学的方法来解答这些问题的尝试。布丰在其所著的四十四卷《自然史》中指出，行星系统的产生，起因是由于星际空间飞闯而来的一颗彗星，与太阳发生了相撞。他凭借想象力，为人们勾勒出了这样一幅生动的画面：一颗可被称为"司命彗星"的彗星，拖着明亮而且炫目的长尾，从当时孤独的太阳的边缘上撞了过去，由此，太阳巨大的身体上，一些小块脱离了下来。在冲撞的强大力量下，它们进入了宇宙空间，然后开始自转了起来（图 117a）。

几十年后，著名的德国哲学家康德提出了一个大为不同的观点，认为是太阳自我创造了各大行星，与其他的天体并无关系。康德是这样设想的，太阳早期是一个较冷的巨大的气体团，并且占据了目前太阳系的整个空间，而且它在绕着自己的轴心缓慢的转动。在这个过程中，它会不断地向周围空间发射辐射，这就会导致整个球体开始慢慢冷却。所以，这个巨大的气体团就会不断地进行收缩。随之而来的是旋转速度的迅速加快。这样一来，就会产生越来越大的离心力，使得初始状态的太阳不断地变扁。最终，沿着不断扩张的赤道面，会喷射出许多气体环（图 117b）。对于物质团旋转时会形成圆环的现象，普拉多曾经做过这样一个经典的实验：

他使用了油以及另外一种密度相同的液体，他把一大滴油悬浮在这种液体上，然后通过一种机械装置让油滴旋转。当油滴的旋转达到了某个速度限度的时候，油滴就会在外围产生一些油环。康德又假设，太阳通过这种方式产生的各个气体环，由于某种原因，之后发生了断裂，然后分别会集中起来，形成各个行星，然后围绕着太阳，在不同的轨道上运动。

　　后来，著名的法国数学家拉普拉斯吸收并发展了这些观点，在1796年，他把结论阐述在了《对世界系统的解释》这本书中。虽然拉普拉斯是位优秀的数学家，但是在这本书里，他并没有用数学的方式来进行记述，只是用通俗化的方式对太阳系形成的理论进行了定性论述。

图 117　两种宇宙论学派
a. 布丰的碰撞说；　　b. 康德的气体环说

60年后，英国物理学家麦克斯韦第一次进行了用数学解释康迪与拉普拉斯的宇宙说的尝试。在这过程中，他发现其中存在显而易见的漏洞。计算显示，如果假设太阳系的行星，是由原来均匀分布在太阳系空间的物质组成的，这是不可以成立的，因为以这些极低密度的物质，根本无法产生有效的万有引力来聚合成行星。也就是说，太阳收缩时甩出的物质圆环，会永远地保持环状，就如同土星现在的情况一样。我们都知道著名的土星环，也就是土星外围有一个环状带，那就是由无数微小的物质微粒围绕土星在一个近似圆形的轨道上运行所产生的，但是我们并没有发现这些微粒有聚合成固体卫星的趋势。

要想解释上述困难，只有假设在初始状态，太阳甩出的物质比现在太阳系所有行星加起来的物质还要多很多（至少100倍），后来这些物质绝大部分又重归太阳体，而剩余的1%留了下来，组成了一颗颗行星。

不过，这种假设又会产生新的难以解释的问题，而且这个问题麻烦程度与之前的不相上下，那就是：如果那些与行星运动速度相同的"大部分物质"，又重归太阳体，必然会导致太阳自转的角速度加快，为实际速度的5000倍！也就是说，太阳不会像现在这样，每四周才能自转一周，而是每个小时会转上7圈！

康德－拉普拉斯的假说看来已经行不通了，所以，天文学家们又把探索的目光投向了别处。这时候，美国科学家钱伯伦、摩尔根以及英国科学家金斯，把注意力又重新集中在了布丰的碰撞说上。不过并不是全盘接受，而是根据科学知识的进步，对布丰阐述过程中涉及的一些基本知识进行了一定的修改。比如人们不再认为是彗星与太阳发生了碰撞，因为此时大家已经知道，即使与月亮相比，彗星的质量都显得太过微小了。所以此时，他们把与太阳相撞的东西假设成了另外一颗恒星。

不过，这个碰撞说的升级版，虽然规避了康德－拉普拉斯假说的重大漏洞，但它本身也存在很大的问题。人们很难解释，为什么闯来的恒星与太阳相撞，产生的"小块"都是沿着接近圆形的轨道在运行，而不是在空间中表现出轨迹很长的椭圆轨道呢？

　　为了填补这个漏洞，人们只好再进行假设，认为初始的太阳周围，包围着旋转着的均匀的气体物质，当太阳受到外来恒星的冲撞后，产生的"小块"在这些气体的作用下，细长的椭圆轨道就逐渐趋向了圆形。不过，人们在太阳系行星运行的范围内，并没有发现这种物质的存在。所以，人们只好将假设进行下去，认为后来，这些介质逐渐飘入了星际的深处，现在人们看到的在黄道附近的微弱的黄道光，就是原来围绕太阳的环状物的残留物。这么看来，这是一个综合的理论，它既含有康德－拉普拉斯的气体层的假设，又含有布丰的碰撞假设。不过，它也不能让所有人都信服。但正像俗话说的那样，"两弊相衡取其轻"，人们只好姑且接受碰撞说为正确的行星起源学说，甚至不久之前还被所有的科学论文、教科书与通俗读物（包括我自己所著的两本书《太阳的生与死》《地球自传》）奉为圭臬。

　　终于在1943年秋天，年少有为的德国物理学家魏扎克才解开了行星起源论中的郁结。根据最新获取的天文研究资料，魏扎克认为，康德－拉普拉斯假说中的障碍是可以消除的，而且也比较容易办到，对行星起源建立起详细的理论已经具备了条件，甚至太阳系很多目前原有理论没有涉及的地方，都可以得到解释。

　　魏扎克所认为的条件，是指近几十年中，天文学家们对宇宙化学成分构成的认识发生了根本性的变化。曾经人们认为，太阳所代表的恒星，在化学成分所占的百分比上，与地球是相同的。通过对地球化学成分的分析我们知道，地球的主要成分是氧（以及各种氧化物的形式）、硅、铁以及少量的其他重元素，但是氢、氦（还有氖、氩等稀有气体）等较轻的气体的含量却很少[①]。

[①] 地球上绝大部分的氢以水这种氢的氧化物的形式存在，虽然水覆盖了地球表面近四分之三的面积，但是相对于地球的质量，却非常小。

原来，由于没有直接的证据，天文学家们只好假设，在太阳以及其他恒星中，这些气体的含量也是极其稀少的。但是，通过各种理论对天体结构进行细致的研究之后，丹麦的天体物理学家斯特劳姆格林得出结论，认为上面的假设大错特错了。实际上，太阳所有的物质中，至少含有 35% 的氢元素，之后这个比例被上调到了 50% 以上。除此之外，还有占有一定比重的纯氦。无论是对太阳内部的理论研究（史瓦西的研究最为突出），还是用光谱分析对太阳表面行星的精密分析，都让天体物理学家们得出了使人吃惊的结论：普遍存在于地球上的化学元素，在太阳上只能占据 1% 左右的比重，其余的比重都被氢与氦瓜分，而且氢会更多一些。很明显，这个结论对其他的恒星也同样适用。

人们还得知，星际空间中其实充斥着气体与微尘组成的混合物，并不是完全真空的，平均密度大约是每 100 万立方英里 1 毫克左右。而且，这些极其稀薄的弥漫物质，与太阳代表的恒星具有相同的化学成分。

尽管这些物质的密度低到了难以想象的程度，但是却可以很容易地证明它们的存在。因为，从遥远的恒星射向我们的光，在被望远镜感受到之前，得穿越几十万光年的宇宙空间，这就会产生足以令我们察觉得到吸收光谱了。通过研究这些星空吸收谱线的强度与位置，就可以求出较为理想的这些弥漫物质的密度了，并且可以得出它们几乎完全是由氢（可能还有氦）组成的结论。实际上，其中含有的各种"地球物质"的微尘（直径约为 0.001 毫米左右），连总质量的 1% 还不到。

现在，让我们回到魏扎克的基本论点上。可以说，最新的关于宇宙物质化学成分的认识，都对康德－拉普拉斯假说较为有利。实际上，如果原始太阳外围包围的气体就是这些物质组成的，那么，它们中的很小一部分，也就是那些比较重的现在地球的元素，可以用于构建地球以及其他行星，而剩余的那些没有凝固的氢气与氦气，就会以某种方式和它们产生分离，有的会回落到太阳上，有的会逸散在星际空间里。我们之前讲到过，第一种情况会让太阳自转的速度极度增快，所以，我们就认为应该是发生了第二种情况，也就是当"地球元素"形成了各个行星之后，剩余的气态物质就逸散到了星际空间当中。

根据这种学说，我们可以想象出行星的形成会是下面一幅景象：当星际物质凝聚出太阳以后（下一节会讲），其中大部分的物质，质量是现在太阳系总质量的 100 倍，仍然会散布于太阳之外，形成一个巨大的旋转包层。（之所以会产生旋转，很明显的原因是，星际物质在向原始太阳集中的时候，各部分的旋转状态不同。）这个迅速旋转着的包层是由没有凝固的气体（氢、氦与少量的其他气体）以及各种地球物质的尘粒（如铁的氧化物、硅的化合物、水蒸气与冰晶体等）组成的。并且这些尘粒会被气体包含着，一起旋转。尘粒互相的碰撞与聚集，慢慢地导致了大块的"地球物质"的出现，也就是产生了各个行星。图 118 所画的就是以陨石速度碰撞会产生的现象。

通过逻辑推理可以得出结论，如果两块质量相近的微粒以这样的速度发生碰撞，显然会全部粉碎（图 118a），不但不能聚合成更大的体积，反而会全都缩小。但是和这种情况刚好相反，如果一块质量较小的微粒与一块较大的微粒相撞（图 118b），那么较小的微粒明显会被较大的块"吃掉"，形成新的更大的物体。

显然，这两种情况会逐渐使小块的微粒减少，然后聚合出大块的物体。而且越往后，物体的体积就会越大，就会拥有越强的万有引力，因此就越可以吸引更多的微粒来增大自身，这个俘获的过程也就会越来越快。图 118c 所示的就是大块物体俘获效应逐渐增强的现象。

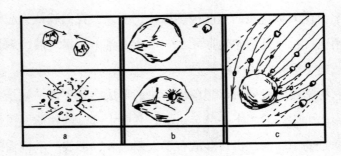

图 118

　　魏扎克就证明过，在现在行星系占据的空间中，原来各处散布的微小尘粒，可以在短短几亿年的时间就聚集出几颗行星这种较大的物质集合体。

　　这些行星在围绕太阳的轨道上运行的时候，会不断俘获大小不一的宇宙物质而长大，行星的表面会由于与这些新成员的不断碰撞变得灼热。但是，当星际空间的微尘、石子以及岩石被俘获殆尽之后，行星的增长就宣告停止了。不过由于行星会不断地向宇宙空间辐射能量，所以就会慢慢地冷却下来，进而形成了一层固态的地壳。而且行星内部会继续缓慢地冷却下去，地壳也就会变得越来越厚。

　　还有一个亟待各种天体理论解释的重要问题，那就是各个行星与太阳的距离呈现出的特殊规律，也就是"提丢斯－波得定律"。让我们一起来看下面的表5吧。表中列出的是太阳系九大行星以及小行星带与太阳之间的距离。所谓的小行星带，指的是一群出于各种原因而没能聚合成像行星那种天体的比较小的块。

　　最让人感兴趣的是表5中最后一栏的数据。虽然这些数据并不是精确相等的，但是都在2左右微小浮动。因此，我们可以认为存在这样一种大致的规律：每颗行星的轨道半径，大概都是前一颗行星轨道半径的两倍。

表 5

行星名称	与太阳的距离 （以日地距离 为标准单位）	各行星与太阳的距 离同前一行星与太 阳距离的比值
水星	0.387	
金星	0.723	0.86
地球	1.000	1.38
火星	1.524	1.52
小行星带	2.7 左右	1.77
木星	5.203	1.92
土星	9.539	1.83
天 王 星	19.191	2.001
海 王 星	30.07	1.56
冥 王 星	39.52	1.31

有趣的是，这条定律同样也适用于行星的卫星。例如，下面表 6 中列出的就是土星的九颗卫星与土星距离的数据，从中可以明显地看到这条定律的适用性。

表 6

卫星名称	距土星的距离 （以土星半径为单位）	相邻两颗卫星距离之比 （大数比小数）
土卫一	3.11	
土卫二	3.99	1.28
土卫三	4.94	1.24
土卫四	6.33	1.28
土卫五	8.84	1.39
土卫六	20.48	2.31
土卫七	24.82	1.21
土卫八	59.68	2.40
土卫九	216.8	3.63

From one to Infinity
从一到无穷大

　　在表 6 中，同太阳系中的情况一样，我们也发现了存在一些数据的波动（尤其是土卫星九），不过我们仍然确信，卫星的确遵循着同样的分布规律。

　　为什么原始太阳外围的微粒没有形成独立的体积较大的行星呢？这些已经形成的行星，为什么会按照这种特殊的规律进行分布呢？

　　想要找到这些问题的答案，我们得先系统地了解下原始尘埃组成的云中，微尘的运动情况究竟是怎样的。首先，大家都还记得吧，一切物体，如散布的尘埃、陨石或者行星等，都是按照牛顿定律沿着椭圆形的轨道在运动的，太阳位于这个椭圆轨道的一个焦点上。如果聚合出各个行星的微尘，都是直径为 0.0001 厘米的粒子①，那么起初在大小与扁平程度不同的轨道上运行的粒子，数量大致就是 1045 个！显而易见，这是相当拥挤的，所以粒子之间就会经常性地发生碰撞。在这种常态性的碰撞过程中，整个系统就会逐渐变得有序起来。这很容易理解，发生碰撞的双方要不就是变得粉碎，要不就是被撞击到相对不拥挤的地方去了。不过，是什么规律控制着这种有序的（至少是局部有序的）流通呢？

　　对这个问题，我们就以一群绕着太阳公转的公转周期相同的粒子为切入点。这些粒子之中，有的是沿着一定半径的圆形轨道在运行，而另外的是在扁平程度不同的椭圆轨道上运行（图 119a）。现在，我们用一个以太阳作为圆心、以粒子的公转周期作为周期的旋转坐标系（X，Y），来对这些粒子的运动进行分析。

　　观察这种旋转坐标系就可以很清楚地看到，沿着圆形轨道运动的粒子 A 永远静止在点 A′ 上，而沿着椭圆形轨道运行的粒子 B，它时而远离太阳，时而靠近太阳。距离近的时候角速度较大，距离远的时候角速度较小。所以，在匀速旋转的坐标系（X，Y）中，B 有时候表现得靠

———————
① 此为星际弥散物质的平均大小。

前，有的时候又表现得靠后。很明显可以看到，以这个坐标来衡量这个粒子的运动，它是在空间中运行出了一个封闭的如同蚕豆形状的轨迹，图 119 中以 B′ 表示。粒子 C 表示的是一个运行轨道更加扁长的粒子，以坐标系（X，Y）来衡量，它运行出的轨迹也是蚕豆形的，不过要更大一点，以 C′ 来表示。

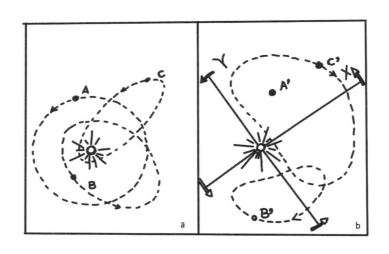

图 119
a. 从静止坐标系上观察圆形和椭圆形运动
b. 从旋转坐标系上观察圆形和椭圆形运动

很显然，这一大群粒子想要互相不发生撞击，它们在匀速旋转的坐标系（X，Y）中运行出的蚕豆形的轨迹，一定要不存在相交的可能性才办得到。

还记得吧，拥有相同运行周期的粒子，与太阳相距的平均距离也是相同的。因此，旋转坐标系（X，Y）中满足各个粒子运行的轨迹都不存在交点的图形，看起来一定就像是一串环绕着太阳的"蚕豆项链"。

对于很多读者来说，上面的分析可能很难看得懂，不过它实际表述的是一个非常简单的过程，目的就是想研究一些粒子——距太阳的平均距离相同，所以旋转周期也相同——不发生碰撞的运行线路图。我们自然而然会想到，原始时绕太阳旋转的粒子们，一定存在多种平均距离的情况，旋转周期也就会产生差别，所以实际的情况会极其复杂。"蚕豆项链"并不会只有一条，而是会有很多条。并且它们会以不同的速度旋转着。通过细致的分析，魏扎克提出，这样的系统想要达到稳定，每一条"蚕豆项链"必须包含 5 个单独的旋涡状的系统，实际情况看起来就如图 120 画出的一样。这种安排可以确保同一条蚕豆项链中的运行是安全的。但是，由于不同的蚕豆项链旋转的速度是不同的，所以在蚕豆项链相遇的地方，一定会产生交集。在这些相邻的蚕豆项链的共同边界中，一定会产生大量的碰撞，这样就会导致粒子的聚合，所以在一些特定的距离上，就会形成越来越大的物体。因此，所有的蚕豆项链中的物质都会逐渐变得稀少，而边界地区的物质会逐渐富集起来，最终形成了行星。

图 120　原始时太阳包层中微尘的通道

　　上面对于行星系统形成过程的描述，简单阐明了行星轨道半径会遵循的规律。实际上，仅凭借简单的几何推算，就可以看出，在图 120 所表现的情况中，不同蚕豆项链的边界半径，会构成一个几何级数，每一项都是前一项的两倍。我们还可以看出为什么这个规律并不是那么精确，因为实际上微尘运动的规范性因素并不是严格的定律，而是一种不规则运动的发展倾向。

这条定律同样也适用于太阳系行星的卫星系统。现实显示，卫星的形成途径也与上述方式基本相同。当太阳周围的原始微尘已经分化为即将形成卫星的单独的粒子群的时候，粒子群中也会重复上面描写的过程：各个粒子群中的大部分粒子都会富集在中心以形成行星主体，其余的微粒会在行星外围运动，并且逐渐聚合成一群卫星。

在探讨微尘碰撞与凝聚的现象时，也别忘了考虑占据原始太阳质量99%左右的那些太阳包层的气体成分的去向。这个问题回答起来就相对容易多了。

当微尘通过不断的碰撞而聚合得越来越大的时候，那些无法加入这个过程的气体便逐渐弥散去了星际空间了。无须很复杂的计算就可以求出，这些气体弥散的过程大约经历了1亿年的时间，这与行星系统生成的时间相差不多。因此，行星产生的同时，太阳包层的绝大部分氢与氦也都逃离了太阳系，只有极少的一部分残留，那就是我们前面所说的黄道光。

魏扎克还得出了一个重要结论：行星系统的形成并不是偶发事件，而是在所有恒星的周围都会必然发生的现象。但是碰撞论的观点则是，在宇宙的发展中，行星的形成是极其偶然的事件，而且还计算认为，在银河系的400亿颗恒星发展的几十亿年历史中，恒星碰撞的事件只发生了屈指可数的几起。

但是按照魏扎克理论得出的结论却与碰撞论大相径庭。以他的观点看来，每颗恒星都有自己的行星系统。因此，仅在我们银河系中，就必然存在数以百万计的行星系统，它们与地球的各种物理情况大致相同。要是这些存在居住条件的地方不能产生生命，生命不能进化到高级阶段，这才是令人费解的事情呢。

实际上，第九章我们已经提到过，最为简单的生命，比如各种病毒，仅是由碳、氢、氧、氮等原子形成的复杂分子构成的罢了。这些元素在任何新形成的行星体表面都大量存在。因此我们可以肯定，一旦固态的地壳形成，大气中的水蒸气大量落在地面上并且汇聚出江河湖泊，这些分子一定会或早或晚地被机缘巧合地由必需的原子按照必需的序列所生成。当然，由于这些活分子的结构极其复杂，所以它们偶然产生的概率极低，就如在摇晃一盒七巧板，想要得到某个构想中的图像极低可能性一样。但是换个角度，我们也别忘了，不断发生碰撞的原子是那么多，时间又是那么长，这种机会迟早是会出现的。在地壳形成后不久，地球上就诞生了我们这些生命体，以此来判断，尽管看起来不可思议，但是复杂的有机分子的确可以在几亿年的时间内就偶然形成。当这种最简单的生命形式在新行星的表面诞生的时候，通过不断的繁衍与进化，必然会导致越来越复杂的生命体的出现[1]。不过我们还不知道，在不同的"宜居"行星上，生命进化的过程是否也与地球上的一样。因此，通过对其他星球生命的研究，将会根本性地加深我们对进化的了解程度。

未来的某天，我们会乘坐核动力空间飞船在宇宙中徜徉，去到火星与金星（太阳系最有可能存在生命的行星）上，研究那里是否存在着生命。至于成百上千光年外的世界是否存在生命，生命的形式又会是如何的，科学上的解答恐怕是遥遥无期了。

二、恒星内部一窥

我们对恒星拥有从属行星家族的过程已经有了一定的了解，现在也该对恒星本身进行一些探讨了。

恒星经历过些什么呢？它们从哪里来？又会向哪里去？详细情况究竟

---

[1] 详细介绍地球生命与起源的内容，请见作者所著《地球自传》。

是如何的呢？

　　我们就以太阳为切入点来研究这类问题吧，因为太阳就是我们银河系几十亿颗恒星中很有代表性的一颗。首先，我们了解到，太阳拥有很长的寿命。根据古生物学的资料来推断，太阳已经以恒定的光照强度照射了地球几十亿年，为地球上生命的发展创造了条件。普通的能源无论如何都不可能源源不断地在如此之长的时间内提供如此巨大的能量，所以，对于太阳辐射的能量，很长一段时间都是科学中最让人费解的谜团。直到不久前发现了元素的放射性嬗变与人工嬗变之后，这种潜藏在原子核深处的巨大能量才得以昭示。在第七章中我们曾讲过，几乎每一种化学元素都可以看作是一种潜藏着巨大能量的燃料，在元素达到几百万度高温的时候，这种能量就会被释放出来。

　　如此的高温，几乎是无法在地球的实验室中获取的，但是在宇宙空间中，它就显得平淡无奇了。以太阳来说，它的表面温度虽然只有 6000℃，但是内部温度却会逐渐增高，等到了太阳中心部分，温度便会高达 2000 万度。想要得到这个数据并不困难，根据太阳表面的温度以及太阳气体热传导的性质就可以计算得出。这就好比我们知道了一个烤土豆的表皮温度是多少，又知道了土豆的热传导系数，无须把它切开，就可以推算出它的内部温度一样。

　　把求得的太阳中心温度以各种核嬗变的具体情况综合起来考虑，我们就可以推测出太阳内部的能量是由哪些反应释放的。这些重要的反应被称作碳循环，是由两个对天体物理学感兴趣的核物理学家贝蒂和魏扎克同时发现的。

　　太阳释放出的能量，主要是通过一系列互相关联的热核转变共同产生的，并不是单凭其中一种反应。我们把这一系列的转变称为链式反应。这条反应链最有意思的地方是，它是一条闭合链，每进行 6 步反应之后，就会重新回到起点。图 121 所画的就是太阳反应链的示意图，我们可以看到，这个循环反应的主要参与者是碳核与氮核，以及与它们发生碰撞的高温质子。

　　我们就以碳为起点来讲。普通碳（C^{12}）与一个质子发生碰撞，产生了氮的轻质同位素（N^{13}），并以 γ 射线的形式释放出一些原子的核能。这一步反应已经被核物理学家们掌握，并且在实验室中通过人工加速高能质子所实现。由于 N^{13} 的原子核并不稳定，所以会自发进行调整，释放出一个正电子（即 $\beta+$ 粒子），从而转变为碳的较稳定的重质同位素（C^{13}），在煤炭里就含有少量的这种元素。这个碳的同位素一旦再被质子撞击，就会在强烈的 γ 辐射中转变为普通的氮 N^{14}。（以 N^{14} 为起点，我们也可以同样方便地描述这个反应链。）当这个 N^{14} 核在与一个（第三个）热质子相遇，就会转化为不稳定的氧的同位素 O^{15}，它会很快放出一个正电子，变成稳定的 N^{15}。N^{15} 再与第四个质子发生反应，然后裂变成两个不相等的部分，其一就是起始的那个 C^{12} 的原子核，另外一个就是氦核，也就是 α 粒子。

我们可以看到，这个循环的链式反应中，碳原子与氮原子会不断地重新产生，因此，按照化学的表达方式，它们只是起到了催化剂的作用。这个反应的本质结果是，进入反应过程的四个质子变成了一个氦原子核。所以，我们可以把这个反应过程描述为：在高温下，氢在氮与碳的催化作用下，嬗变为氦。

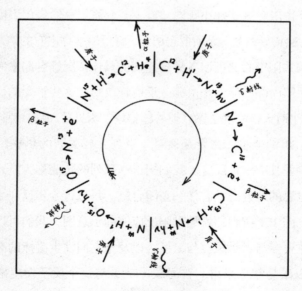

图 121　太阳内能量循环的反应链

第四部分　无限大的宏观世界

贝蒂成功的地方是，他证明了在 2000 万度高温下进行的这种循环反应，释放出的能量刚好与太阳实际辐射出的能量相吻合。而其他各种可能发生的反应所能释放的能量，都和天体物理学观测到的太阳的实际情况不符合。所以可以肯定，太阳辐射的能量主要是由碳、氮循环产生的。值得注意的是，以太阳内部的温度为条件，图 121 所示的循环，每完成一次大概需要 500 万年的时间。也就是说，每当一个周期结束，碳（或氮）的原子核就会重新变为反应开始时的形态。

曾经人们认为，太阳的能量来自煤的燃烧。在我们清楚了碳在这个反应过程中起到的作用后，现在我们仍然可以这样说，不过，这里的"煤"并不是真正的燃料，而是扮演了神话故事中"不死鸟"的角色。

尤其值得注意的是，太阳释能反应的速率主要是由太阳的中心温度以及密度决定的，同时在一定程度上也取决于太阳内氢、碳、氮的数量。所以我们就可以想到这样一种办法，即选用不同浓度的反应物，让它们反应发出的光度与观测到的太阳的光度相同，这样就可以分析出太阳气体的成分了。这个方法是史瓦西想到的，就是用这种方法，他分析出太阳一半多的物质是纯氢，氮的含量略少于一半，其他的元素只占很少的一部分。

对太阳能量所做出的解释，同样可以推广到大部分其他恒星上去，由此可以得出结论：不同质量的恒星，中心温度也是不同的，所以能量释放率也会有所不同。比如，波江座 O_2-C 的质量仅为太阳质量的 1/5，所以，它的光度只能达到太阳光度的 1% 左右；而大犬座 α（也就是天狼星）比太阳的质量大 2.5 倍，所以它的光度会比太阳高 40 倍。再大的恒星，比如天鹅座 Y380，重量是太阳的 40 倍左右，所以它比太阳光度高几十万倍！以上例子表现出的质量越大、光度就越强的关系，都可以用高温会使碳循环反应速率增大的真实情况来完美解释。这些在"主星序"上的恒星，我们还发现个规律，随着恒星质量的增大，它们的半径也会增大（如波江座 O_2-C 的半径是太阳半径的 0.43 倍，而天鹅座 Y380 半径为太阳的 29 倍），但是平均密度会相应地减小（波江座 O_2-C 是 2.5，太阳是 1.4，天鹅座 Y380 是 0.002）。图 122 列出的是主星序上一些恒星的数据。

除了这些半径、密度以及光度取决于恒星质量的"正常"情况外，在宇宙空间中，天文学家们又发现了一些完全不遵守这种规律的星体。

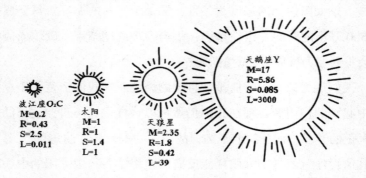

图 122　属于主星序的恒星

让我们先来说说被称为"红巨星"和"超巨星"的恒星吧。它们虽然有和"正常"的恒星相同的质量与光度，但是体积却要大上很多。图 123 画出的就是几个这样的非正常的恒星，分别是著名的御夫座 α，飞马座 β，金牛座 α，猎户座 α，武仙座 α 以及御夫座 ε。

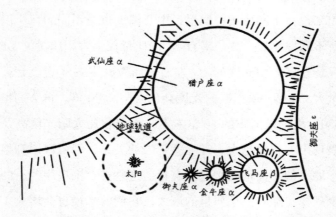

图 123　巨星和超巨星与地球轨道的比较

　　造成这些恒星拥有超大体积的原因，显然是一种我们目前还无法解释的内部作用力，所以这种恒星的密度才会比一般恒星要小得多。

　　还有一类与这种"虚胖"的恒星形成对照的缩小到很小的恒星，它们被称为"白矮星[①]"。图 124 画出的就是一个白矮星与地球的对照图。它是天狼星的伴星，虽然直径只是地球的 3 倍长，但是它的质量却和太阳的不相上下。所以它的平均密度可以达到水的密度的 50 万倍！显而易见，白矮星就是恒星耗尽所有可用于燃烧的氢后进入恒星末期的形态。

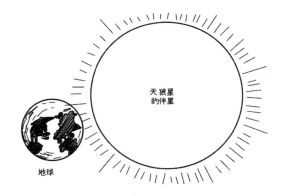

图 124　白矮星与地球的比较

　　我们已经知道了，恒星生命的长度，就是从氢到氦的缓慢的核嬗变的过程。在恒星刚由弥漫的星际物质诞生出来时，氢元素的比例可以占到整体质量的 50% 以上。所以我们可以知道，它会拥有极长的生命周期。比如，根据太阳的光度，人们推测出它每秒消耗的氢为 6.6 亿吨，而太阳的质量是 2×10^{27} 吨，其中有一半是氢，也就是说，太阳的寿命为 15×10^{18} 秒，也就是 500 亿年。我们都知道，太阳现在的年龄是三四十亿岁[②]，所以，它正

---

① 之所以会叫"红巨星"与"白矮星"，是由于它们的光度与表面的原因。由于比重极小的恒星释放能量的表面相对很大，所以表面的温度会较低，就呈现出红色；而密度很高的恒星正好相反，表面的温度极高，所以会呈白热状。

② 根据魏扎克的理论，太阳与行星形成的时间相差不多，所以我们地球的年龄也是这么多。

处于年轻时候，还将能以接近目前的光度，再持续照射几百亿年。

很显然，质量越大，光度就会越强，所以这类恒星消耗氢的速率也会更快。比如天狼星，它的质量是太阳的 2.3 倍，所以它原本含有的燃料氢也是太阳的 2.3 倍。但是由于它的光度是太阳的 39 倍，在同样的时间内，天狼星就要消耗太阳 39 倍的燃料氢，但是它氢的储量只是太阳的 2.3 倍，所以，不出 30 亿年，天狼星的燃料就会消耗殆尽。而更亮的恒星，比如天鹅座 Y380（质量是太阳的 17 倍，亮度为太阳的 3 万倍），它原始的氢气储量连一亿年都支撑不到。

当恒星内的氢消耗殆尽之后，会发生什么情况呢？

假如这种维系恒星燃耗的核能源消耗光了，那么星体一定会进行收缩，因此，在之后的发展阶段里，它的密度会越来越大。

通过天文观测，有很多这样的"萎缩恒星"被发现了，它们的平均密度是水的几十万倍以上，至今仍然是很热的，由于表面温度极高，会发出耀眼的白光，所以看起来与主星序中散发着红色或者黄色光芒的恒星明显不同。不过，由于它们的体积较小，所以总光度会相当低，与太阳相差几千倍。天文学家们把这类处于恒星演化末期的恒星称为"白矮星"，这里的"矮"，既指几何尺寸的小，也指光度上的小。再往后演化，白矮星会连光芒都逐渐消失，变成一颗冷的物质，也就是"黑矮星"。普通的天文观测是无法发现它们的。

还有值得注意的地方是，这些消耗尽燃料氢的恒星在迈向死亡的冷却与收缩的过程中，并不是一直处于平稳过渡的状态中的，它们常常会产生巨大的突变，就像在做最后的抗争一样。

这种突变的发生，也被称为新星爆发与超新星爆发。在天体研究中，这种现象是极能让人兴奋的课题之一。一颗即将爆发的恒星，起先看起来与其他恒星别无二样，但仅在几天的时间内，它的亮度就可以增加几十万倍，表面的温度也会显著地提升到极高的程度。通过研究它光谱的变化，可以知道它发生了急速的膨胀，最外层扩张的速度可以达到每秒钟 2000 公里！

不过，这种光度的增强维持不了很久，等达到最大的程度之后，就会逐渐平静下去。通常来说，爆发后的恒星会在一年左右的时间内，恢复为原有的光度。但是在此后很长的一段时间内，它的辐射强度仍会发生小幅度的变化。虽然光度恢复如初了，但是其他方面却不一定。爆发时与星体一同迅速膨胀的部分气体，仍然会继续向外运动。这就会导致恒星的外围出现一层不断扩大的发光的气体外壳层。到目前为止，我们仅收集到了一颗即将爆发的新星的光谱（御夫座新星，1918 年），并且这份唯一的资料也并不完整，连它的表面温度与原来的半径都难以确定。因此，对于有关这类恒星的变化问题，目前证据太少，难以得出结论。

还有另外一类被称为超新星的星体，通过对它们爆发的观测，我们对它们有了一定的了解。这种巨大的爆发在银河系中几个世纪才会发生一次（普通的新星大概每年 40 次左右），爆发产生的光度比普通新星爆发产生的要强几千倍！当光度达到峰值的时候，一颗超星系爆发出的光可以掩盖整个星系的光芒！ 1054 年中国天文学家记载的客星，1572 年第谷观测到的白天可见的星辰，也许包括犹太星，都是银河系超行星爆发的实例。

1885 年，人们在仙女座星云附近发现了第一颗河外的超行星，它的光度比在这个星系中发现的所有新星都强千倍有余。虽然超新星爆发很少会发生，但是由于巴德和兹维基很早就意识到了这两种爆发之间存在的区别，而且对遥远星系中发现的超新星进行了系统性的研究，所以我们对这种星体性质的了解已经有了相当的程度。

虽然超新星爆发产生的光度与普通的新星爆发相比差距巨大，但是二者在很多方面存在相似之处：它们由光度增强的速率与减弱的速率所决定的光度曲线的形状是相同的（虽然比例尺不同）；超新星爆发也会产生一个迅速扩张的气体外壳，但是，这个外壳包含的物质要多上很多。新星爆发产生的气体外壳不久就会变得稀薄，然后在空间中消失，但是超新星爆

273

发抛射出的气体物质，却会在爆发的范围之内，形成光度极强的星云。比如在 1054 年发生超新星爆发的地方，我们现在还能看到残留的"蟹状星云"。而且可以肯定，这个星云绝对是由爆发时喷射出的气体物质形成的（详见版图VIII）。

在这颗超新星爆发的位置上，我们还找到了它爆发后的残留物。实际上，就在蟹状星云的正中心，我们观测到了一颗昏暗的恒星，判断认为，那是一颗密度极高的白矮星。

所有的这些都在表明，超新星爆发的过程与新星的类似，只不过超新星爆发的规模在所有方面都强得多。

在接受新星与超新星的"坍缩理论"之前，我们得解释一个问题：星体整体性的剧烈的坍缩究竟是什么原因造成的？目前看起来较为合理的解释是这样的：由大量炽热的气体物质组成的恒星，起初之所以可以保持较为平衡的状态，是因为内部积聚的炽热气体物质产生的超高压力起到的支撑的作用。只要恒星内部的碳循环反应仍然在进行，就会有源源不断的原子核能从恒星内部散发，补给恒星表面由于辐射导致的能量的流失。因此，从宏观上看来，恒星似乎完全没有变化，但是在恒星内部，一旦氢元素消耗殆尽，就再不会产生补充辐射的能量，星体也就必然会发生收缩，并把重力势能转化为辐射的能量。不过，由于星体内的物质传导热能的能力极差，所以热能从内部传导到表面的过程会非常缓慢，因此，这种重力导致的收缩进程也相当缓慢。以太阳为例，计算表明，要使太阳的直径收缩为现在的一半，需要至少 1000 年的时间。任何可以让收缩速度加快的因素，都会让星体释放出更多的重力势能，而重力势能的释放，又会导致温度与压力的增长，进而会使收缩的速度减缓。所以，想要发生如同新星和超新星那样迅速的坍缩，唯一的办法就是把收缩时释放的能量传输出去。比如，如果星体内部物质的导热能力增强几十亿倍，那它收缩的速度也会以同样的倍数加快，所以在短短的几天之内，一颗恒星就会完成坍缩。但是，现有的理论已经确切地表明了，物质的传导率遵循它密度与温度确定的函数，想要令它减小数百倍，甚至仅仅是十数倍，几乎都是不可能做到的。所以，这种可能性是不存在的。

　　我与我的同事沈伯格最近提出了一种新想法：星体坍缩的真正原因极有可能是中微子的大量形成。在第七章中，我们曾详细探讨过这种微小的核微粒，所以我们就可以知道，整个星体对它们来说透明得就如同可以透过去看到阳光的玻璃。因此，它们刚好可以成为最理想的从收缩的恒星内部运出多余能量的"搬运工"。不过，我们要先弄明白，在收缩星体炽热的内部是否真的产生了中微子，如果产生了，那么产生的中微子数量是否足够多。

　　很多种元素的原子核在俘获高能电子的时候都会发射出中微子。当一个高速电子进入原子核的时候，马上就可以释放出一个高能的中微子。原子核得到电子后，会变成原子量不变的另一种元素的不稳定的原子核。由于极不稳定，所以新产生的原子核只会存在一定的时间，然后就会发生衰变，释放一个电子以及一个中微子。然后，这种过程又会重复发生，由此就会源源不断地产生新的中微子（图 125）。我们称这种过程为"尤卡过程"。

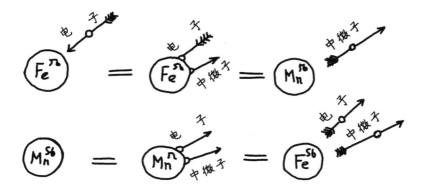

图 125　在铁原子核中发生的尤卡过程可以无限地产生中微子

如果正在收缩的星体内部，温度极高，密度极大，那么，中微子所消耗的能量会极其巨大。比如，铁原子核在俘获与发射电子的过程中，转换成中微子的能量可达每秒 1011 尔格。如果换成组成成分是氧（它产生的不稳定的同位素是放射性氮，衰变周期是 9 秒）的恒星，那么这颗恒星失去的能量每秒可达 1017 尔格之多。按照后面这种情况，能量释放的速度会极其快，甚至只需要 25 分钟，恒星就会完全坍缩。

从上面的例子可以看出，如果采用在收缩恒星的高温中心区域会产生中微子辐射这种说法，就可以对星体坍缩的原因给出较为满意的解释。

不过我们还是要说，尽管计算中微子可以造成的能量损失较为容易，但是要用于研究恒星坍缩还是存在很多数学上的困难，所以，我们现在只能做出一些定性的解释。

我们可以这样假设：由于星体内部的气体压力不够大，所以大量的星体外围的物质就会在重力的作用下向中心下沉。但是，由于恒星不同位置的旋转速度是不同的，所以在坍缩的时候并不是一致进行的，极区（靠近旋转轴的部分）会先落入内部，这样一来，赤道区域的物质就会被挤出来（图 126）。

图 126　超新星爆发的初期与末期

经过这个过程，原本深藏在恒星内部的物质就跑了出来，而且是被加热到了几十亿度的高温。这些高温物质就会使得星体的光度急剧增高。随着这个过程的继续进行，最先被恒星收缩进去的物质，就会紧紧地收缩成密度极高的白矮星，而那些被挤出去的物质则会逐渐冷却，在扩张的过程中，形成就像蟹状星云这样雾蒙蒙的东西。

三、宇宙的前世今生

当把宇宙作为一个整体的时候，我们首先就要去面对一个重要的问题：宇宙是否会随着时间而进行演化。宇宙的过去，宇宙的现在，以及宇宙的未来，是总体上永远是我们现在所认识的这样呢，还是说会经过不同的演化阶段而不断地发生变化呢？

将把从科学各个分支获得的经验进行综合考量，我们得到了确切的答案。是的，我们这个宇宙是不断在变化着的。它的过去，它的现在，以及它的将来，完全是三种并不相同的状态。各门学科获得的大量事实还表明，我们的宇宙存在一个开端。从这个开端起，宇宙经过不断的演化，发展为现在的样子。我们都知道，行星系统的年龄已经有几十亿岁了，而且这个结论一再地出现在各种不同的独立研究当中。月亮显而易见是被太阳用强大的吸引力从地球上撕扯出的物质，它同样也是在几十亿年前形成的。

通过对恒星的演化进行的研究（上一节）可以知道，我们所见的空间中的大部分恒星，也都是几十亿年的年龄。再加上对恒星运动的普遍研究，尤其是对双星、三星以及更复杂的银河星团的相对运动的考察，让天文学家们得出了结论，这些结构的存在时间并没有超过几十亿年。

各种化学元素，尤其是钍、铀这种缓慢衰变的放射性元素，它们的大量存在就是另外一个独立的实证。虽然它们在不断地进行衰变，但至今仍然存在于宇宙当中，我们就可以根据这些做出假设，这些元素要不就是由其他轻元素的原子核在不断地生成，要不就是宇宙诞生时代产物的残留。

就我们目前所掌握的核嬗变的知识而言，第一种可能性只能暂时排除，因为即使在最热的恒星内部，温度也未必可以达到制备出重原子核的程度。实际上，我们已经知道，恒星内部的温度可以达到几千万度，但是想要用轻元素的原子核制备出放射性的原子核，温度得达到几十亿度才办得到。

所以我们只得假设，这些重元素的原子核是在宇宙演化的某个过程中产生的，在那个特殊的阶段，所有的物质都会受到高到难以想象的温度与压力的作用。

我们可以粗略地估算出宇宙的"炼狱"时期。我们都知道，钍和铀238 的半衰期分别是 180 亿年与 45 亿年，但迄今为止，它们还没有大量衰变，是因为它们目前的数量与其他稳定的元素一样多。不过铀 235 的半衰期只有 5 亿年左右，它的数量比铀 238 少了近 140 分之一。钍和铀 238 的大量存在说明，这些元素的形成距今不会超过数十亿年，而且，我们还可以根据存在较少的铀 235 计算出这个时间。因为它每隔 5 亿年就会减少一半，所以，一定要经过 7 个这样的半衰期（35 亿年），可以减少到原来数量的 1/128，公式如下：

$$\frac{1}{2} \times \frac{1}{2} \times \frac{1}{2} \times \frac{1}{2} \times \frac{1}{2} \times \frac{1}{2} \times \frac{1}{2} = \frac{1}{128}$$

从核物理学角度对化学元素年龄进行计算，结果与根据天文学数据计算出的星系、恒星以及行星的年龄，竟然是互相吻合的。

那么，在几十亿年之前，万物诞生的最早时期，宇宙是一种什么状态呢？它又经历了怎样的变化，才变成了如今的样子？

通过研究"宇宙膨胀"的现象，可以对这两个问题得出最令人满意的答案。前面我们已经看到，在无垠的宇宙空间中，散布着大量庞大的星系，太阳系所在的包含几百亿颗恒星的银河系只是其中平凡的一个，在我们"目之所及"（显然是由那台 200 英寸口径的望远镜提供的帮助）的范围之内，我们发现，这些星系大致上是均匀分布着的。

威尔逊山的天文学家哈勃，在研究来自遥远星系的光线的时候，发现它们的光谱都会向红端发生轻微的移动。而且星系距离得越远，"红移"的程度就越大。实际上，我们发现星系红移的大小，与它们与我们相距的距离成正比。

对于这种现象，最顺其自然得出的结论就是，一切星系都在远离我们，而且远离的速度会随着距离的增大而加快。这个解释是建立在"多普勒效应"上的。也就是说，当光源向我们靠近时，光的颜色会向光谱的紫端移动；当光源在远离我们的时候，光的颜色会向光谱的红端移动。不过，想要感受到明显的谱线移动，光源与观察者之间的相对速度一定要相当大才可以。教授伍德曾经因为在巴尔的摩开车闯红灯被警察抓住。他对法官说，由于发生了上面所说的效应，他在飞速驶向信号灯的时候，把信号灯发出的红光看成了绿光。这位教授明显是在捉弄法官。如果法官的物理学知识掌握得不错，他就可以反问伍德教授，要把红灯看成绿灯，你汽车的速度得有多快才行？然后再对他收取超速罚金。

我们还是回到星系红移的现象上来吧。这个现象看起来似乎有些诡异：为什么宇宙空间中所有的星系都在远离我们的银河系呢？难道是银河系恐怖吓跑了它们？要真是这样，我们银河系有什么恐怖的地方呢？难道它与其他星系有特殊的区别？要是仔细想想，就会明白，并不是银河系本身存在特殊之处，也不是别的星系有意在躲避我们，实际情况是所有的星系彼此之间都在分开。假设有一个气球，上面涂满了圆点（图 127）。如果给这个气球充气，让它慢慢膨胀，那么上面涂着的各个点之间的距离就都会增大。因此，站在气球表面上任何一个圆点上的蚂蚁都会认为，其他的所有的点都在逃离它站着的这个点。并且，在这个膨胀的气球表面上，每个圆点的退行速度都与它们和蚂蚁之间的距离成正比。

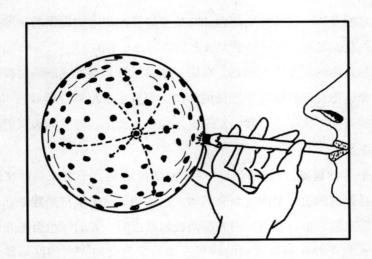

图 127　当气球膨胀时，上面的每一个点都与其他各点逐步远离

　　这个例子清楚地说明了哈勃观察到的星系退行的现象，它与我们银河系具备什么样的性质、所处什么样的位置并没有关系，而是由于散布着星系的宇宙空间正在经历普遍的均匀膨胀。

　　根据观测到的宇宙膨胀速度以及现在相邻星系之间的距离，就很容易可以算出，这种膨胀至少在五十亿年前就开始了[①]。

　　在此之前，那时的星云（现在的各个星系）正在酝酿出整个宇宙空间中均匀分布着的恒星。再往前推，这些恒星都紧密地聚集在一起，让宇宙中充满了连续的炽热的气体。再往前推，这些气体越来越紧密，温度越来越高，这个阶段正是各种元素（尤其是放射性元素）产生的阶段。再往前推，宇宙中所有的物质都处于超高密度、超热温度的状态里，变成了我们在第七章中所说的那种核液体。

---

①哈勃的原始数据显示：相邻星系之间的平均距离为 170 万光年（即 1.6×10^{19} 公里），它们相对退行的速度约为 300 公里每秒。假如宇宙膨胀是均匀的，那么，膨胀时间就是：1.8×10^{9} 年。目前最新的数据显示，实际值比这个数要大一些。

让我们把这些推断都总结起来，按照正常的顺序来描述一下宇宙的进化吧。

在宇宙历史的发端，也就是宇宙的胚胎阶段，用威尔逊山望远镜（观察半径为 5 亿光年）观察到的所有的物质，都压缩在一个半径只有太阳 8 倍的球体内。但是这种极度密度的状态并不能长期存在。只用了两秒钟，在膨胀作用下，宇宙的密度迅速地变成了水的几百万倍；几个小时之后，就降低到了水的密度。大约此时，原先连续的气体会分裂成单独气体球，也就是今天的恒星。在宇宙的不断膨胀下，这些恒星之后就被互相分开了，形成了各个星云系统，也就是现在的各个星系，至今仍然在向着无法测量的宇宙深处退行。

现在我们又要给自己提问了：使得宇宙膨胀的作用力究竟是一种什么样的力？宇宙的膨胀未来会不会停下来，转变为收缩呢？宇宙是不是会掉转回来，再度把银河系、太阳、地球以及人类等，重新挤压成具有原子核密度的凝聚物呢？

据目前的证据来看，这种情况并不会发生。既然很久以前，宇宙进化的起始点，宇宙冲开了束缚自己的枷锁，也就是阻止宇宙物质分离的重力，开始进行膨胀，那么，它就会按照这种趋势，继续膨胀下去。

让我们举个简单的例子来进行说明吧。从地球表面向星际空间发射一枚火箭。我们都知道，以前所有的火箭，即使是最著名的 V-2 火箭，都没有足够大的推力支持它进入宇宙空间。它在上升的过程中就会因为重力的作用而停止，最终回落到地球上。但是，假如我们可以让火箭具有足够大的马力，使得它的初始速度可以超过 11 公里每秒，那么这枚火箭就可以挣脱重力的束缚，进入宇宙空间中，然后不受阻碍地继续运行下去。11 公里每秒的速度通常被称为克服地球重力的"逃逸速度"。

再想象有一枚在空中爆炸的炮弹，它的碎片会向四面八方射去（图128a）。爆炸时产生的爆炸力抵消了想让它们聚在一起的引力，使得弹片横飞而出。很显然，这个例子中，弹片之间引力的作用微乎其微，根本就无法影响它们在空间中进行的运动，所以几乎可以忽略。但是，如果这种作用力很强，那就会使得飞出的弹片停止远离，然后转过来聚集回原来的重心（图128b）。它们究竟是会聚集回来，还是会毫无顾忌地远离，这取决于它们的动能与重力势能的相对大小。

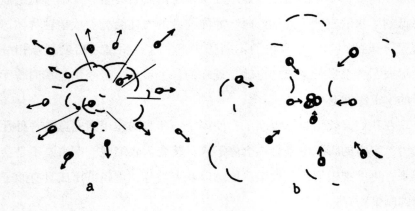

图 128

把爆炸产生的弹片换作星系，就可以得到前面宇宙膨胀的图景。不过，质量巨大的星系之间产生了很强的重力势能，与动能大小不相上下[①]，所以，对于宇宙膨胀未来的发展，得在仔细研究两种能量的相对大小之后才可以知道。

就目前所掌握的关于星系质量的可靠数据来看，互相远离的各个星系所具有的动能是重力势能的好几倍。所以，大概可以认为，宇宙会无限地膨胀下去，不会由于它们之间引力的作用重新靠近。不过得明白，关于宇宙尺度的数据，并不都那么准确，未来更深入的研究也极有可能会把结论颠倒过来。不过，即使宇宙真的会停止膨胀，而且转为收缩，那也需要几

---

① 物体的动能与它的质量成正比，势能与质量的平方成正比。

十亿年的时间才行。因此，就如黑人诗歌里所唱的"星星开始坠落"，还有我们在坍缩星系的强大压力下粉碎的悲惨景象，还早着呢。

那么，造成宇宙各部分以难以想象的速度分离的具有超强威力的爆炸物究竟是什么呢？对这个问题的回答可能会让你大失所望：实际上，很可能从来就没有发生过所谓的爆炸。宇宙之所以现在会发生膨胀，是因为在此之前，它曾从无限广博的空间里收缩成了很密集的状态（当然，并没有这段历史的任何记录），现在又在反弹出去，就好像被压缩的物体会产生强大的反弹力一样。假设你走进了一间体育室，刚好看到一只乒乓球从地板上向空中弹去，你自然而然地就会得出结论（完全不用思考）：在你进入这间房间之前，这个乒乓球一定是从某个高度落在了地板上，然后由于弹力又跳了起来。

现在，让我们的想象力自由发散吧，想象一下，在宇宙的压缩阶段，所有的事物会不会都按照相反顺序进行呢？

假如是在 80 亿或者 100 亿年以前，你是否会从这本书的最后一页开始读，然后读回到第一页？那时人们是不是会吐出嘴里的炸鸡的各个部分，让鸡在厨房里复活，然后再把它送回养鸡场。在那里，它从一只成年鸡慢慢变成一只小鸡，最后缩回一只蛋壳里，再过上几周，它就变回了一颗新鲜的鸡蛋呢？这真是件有意思的事情。不过，对于这种问题，是很难用科学的观点进行解答的，因为在那个时候，宇宙内部难以想象的压力会把所有的物质都挤作一种均匀的核液体，从而把所有的痕迹都完全抹除！

图版

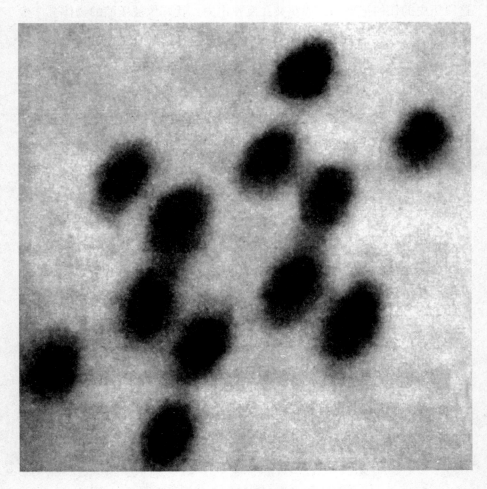

图版 I　放大 1.4 亿倍的六甲苯分子

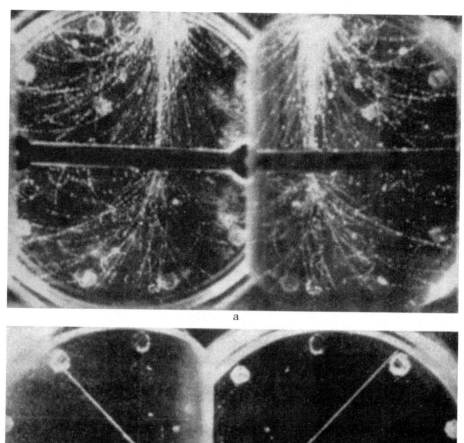

a

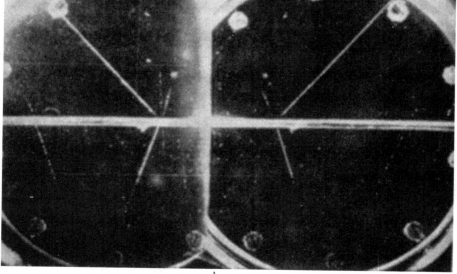

b

图版Ⅱ　a. 始于云室外壁和中央铅片的宇宙线簇射。在磁场的作用下，簇射产
生的正、负电子向相反方向偏转。b. 宇宙线粒子在中央隔片上引起核衰变

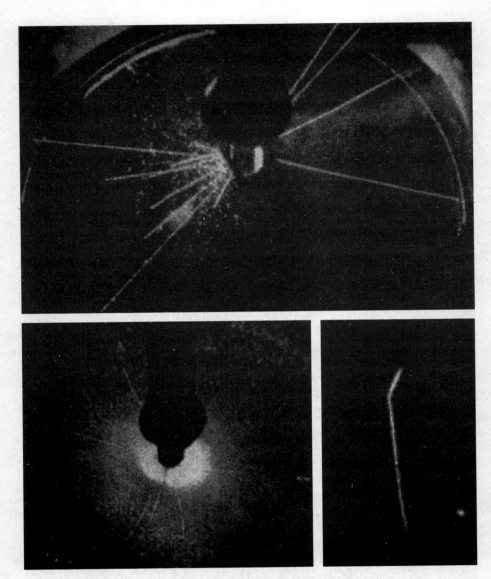

图版Ⅲ 人工加速的粒子所造成的原子核嬗变

a. 一个快氘核击中云室中重氢气体的一个氘核，产生一个氚核和一个普通的氢核（$_1D^2 + _1D^2 \longrightarrow {_1}T^3 + _1H^1$）。b. 一个快质子击中硼核后，硼核裂成三个相等的部分（$_5B^{11} + _1H^1 \longrightarrow 3{_2}He^4$）。c. 一个看不见的中子从左方射来，把氮核裂成一个硼核（向上的径迹）和一个氦核（向下的径迹）（$_7N^{14} + _0n^1 \longrightarrow {_5}B^{11} + _2He^4$）

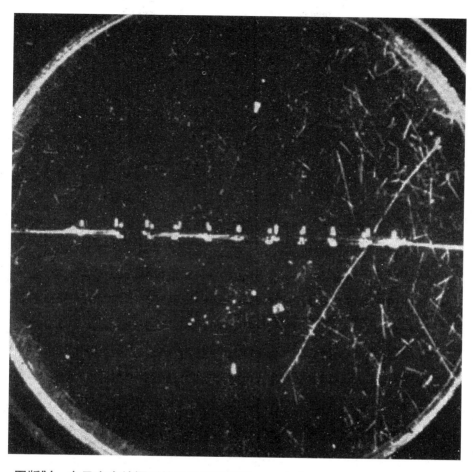

图版Ⅳ　在云室中拍摄到的铀核裂变照片。一个中子（当然是看不见的）击中横放在云室中的薄铀箔的一个铀核。两条径迹表明，两块裂变产物带着一亿电子伏的能量飞蹿

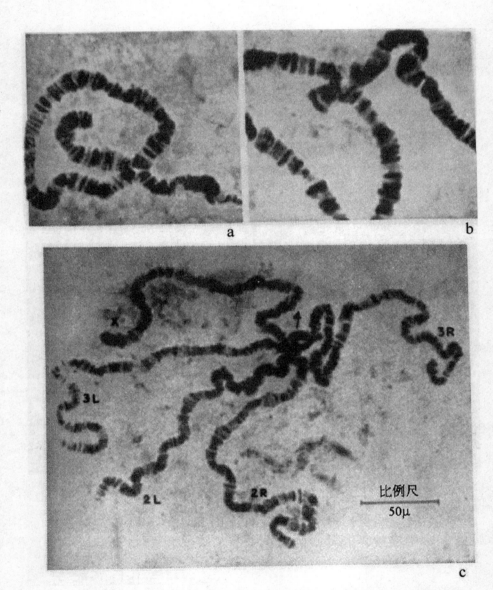

图版Ⅴ a 和 b. 果蝇唾液腺体中染色体的显微照片。在图中可以观察到倒位和相互易位的现象。c. 雌性果蝇幼体染色体的显微照片。图中标有 X 的是紧挨的一对 X 染色体。2L 和 2R 是第二对染色体，3L 和 3R 是第三对染色体，标有 4 的是第四对染色体

图版Ⅵ　用电子显微镜拍摄的放大 26 100 倍的烟草花叶病病毒体

a

b

图版Ⅶ　a. 大熊座中的旋涡星系（正视图）
b. 后发座中的旋涡星系 NGC4565（侧视图）

图版Ⅷ　蟹状星云。1054 年，中国古代的天文学家在这个位置观测到了超新星爆发，这个星云就是爆炸后产生的